U0293652

环境保护总体规划理论与实践

董 伟 著

中国环境科学出版社·北京

图书在版编目（CIP）数据

环境保护总体规划理论与实践/董伟著. —北京：中国环境科学出版社，2012.7
ISBN 978-7-5111-1039-8

Ⅰ. ①环…　Ⅱ. ①董…　Ⅲ. ①环境保护—总体规划—研究—中国　Ⅳ. ①X32

中国版本图书馆 CIP 数据核字（2012）第 127191 号

责任编辑　张维平　　贾卫列
责任校对　扣志红
封面设计　金　喆

出版发行　中国环境科学出版社
　　　　　（100062　北京东城区广渠门内大街 16 号）
　　　　　网　　址：http://www.cesp.com.cn
　　　　　联系电话：010-67112765（编辑管理部）
　　　　　发行热线：010-67125803，010-67113405（传真）
印　　刷　北京中科印刷有限公司
经　　销　各地新华书店
版　　次　2012 年 7 月第 1 版
印　　次　2012 年 7 月第 1 次印刷
开　　本　787×960　1/16
印　　张　15
字　　数　272 千字
定　　价　35.00 元

序

　　随着人类社会文明的发展，人类的生产、生活活动对生态环境的影响日益凸显，以环境污染与破坏为代价换取的工业文明，引发了全球性的能源危机、资源危机与环境危机。随着生活水平的不断提高，人民群众的环境意识和对环境质量的要求也日益提升。人与自然如何和谐相处成为社会发展的一个主要矛盾，环境问题成为制约社会发展的主要瓶颈，环境保护工作需要创新理念、创新思路、创新方式，来适应新形势、解决新问题、求得新发展。

　　中国的环境保护事业经历了起步、成长、发展三个阶段，环境保护规划作为开展环境保护工作的纲领和依据，亦经历从无到有、从简单到复杂、从局部到全面的发展历程，并伴随环境保护事业的产生和发展不断深化，对推动环境保护工作起到了全局性、战略性的指导作用。

　　但是，目前我国环境保护规划的理论与实践还存在一些问题，需要整体布局思想，有待充分融入到经济社会发展大局中。错综复杂的经济形势和环境形势更加剧了环境问题的复杂性，进行宏观层面综合规划研究的重要性逐步显现。如何在新形势下制定科学合理的环境保护规划，如何在国民经济和社会发展规划、城乡规划、土地利用规划和环境保护规划之间建立相互协调机制，已成为环境保护理论与实践研究的重要课题，也是环境保护工作实现战略转变的迫切要求。《国家环境保护"十二五"规划》首次明确提出了"探索编制城市环境总体规划"，探索从顶层设计开始，完善环保参与政府综合决策的能力。在开展环境保护总

1

体规划研究方面，大连市做出了有益的探索和实践。

　　本书系统总结了国内外环境保护规划发展历程，对比研究了我国环境保护规划和相关规划的关系，提出了国民经济和社会发展规划、城乡总体规划、土地利用总体规划及环境保护总体规划"四规"协调统一的思想，视角开阔，研究深入，是对我国环境规划体系的创新，明确了环境保护规划在我国规划体系中的定位及作用，为开展环境保护规划的法制建设提供了理论支持。

　　本书作者凭借其多年积累的丰富的城市规划、土地规划理论知识和实践经验，提出了环境保护总体规划的理论体系、编制方法、内容及审批程序等，填补了目前环境保护规划理论的部分空白，特别是确定了一套约束性环境指标体系和制图标准，强调了环境保护总体规划对国土空间进行全域谋划的重要性以及环境保护空间管制的基础性研究，增强了环境保护规划的权威性和可操作性。

　　"他山之石，可以攻玉"。本书的研究方法和内容不仅对大连市的环境保护工作具有积极意义，同时也为中国环境保护工作向更高、更深层次发展提供了参考和借鉴，是不断改革创新，积极探索代价小、效益好、排放低、可持续的环境保护道路的有益尝试。因此感到由衷的欣慰。

　　是为序。

环境保护部部长

目　录

第1章 绪 论

环境保护所研究的环境问题不是自然灾害问题，而是人为因素引起或自然灾害后产生的次生环境问题。人为因素包括两个方面：一是不合理的开发利用自然资源超出环境承载力，使生态环境质量恶化或自然资源枯竭的现象；二是人口激增、城市化和工农业高速发展引起的环境污染和破坏。自然灾害后次生的环境问题，是指自然灾害引发的生态破坏、环境污染。因而，环境保护就是解决人类经济社会发展与环境关系不协调等问题。

1.1 世界环境保护发展及对中国的影响

1.1.1 世界环境保护的发展历程

（1）工业革命以前的环境问题

人类在诞生以后很长的岁月里，只是天然食物的采集者和捕食者，对环境的影响不大。主要是利用环境，而很少有意识地去改造环境。那时的环境问题主要是人口的自然增长和盲目地乱采滥捕、滥用资源等引起生活资源不足而带来的饥荒问题。由此，人类为了生存和繁衍，必须学会在新的环境中生存的本领，被迫学习吃一切可以吃的东西，这就促进了农业和畜牧业的出现。农业和畜牧业的发展是人类生活发展史上的一次革命，显示了人类具有利用和改造环境的能动作用。

工业革命以前虽然已出现了城市化和手工业，但工业生产并不发达，引起的环境问题并不突出。

（2）工业革命后期的环境问题

18 世纪至 19 世纪中叶，建立在科学技术成果之上的工业大生产取代了手工业作坊式的小生产，工业生产出现了历史性的革命。工业革命使生产效率提高，人类利用和改造环境的能力进一步增强，但随之而来产生了新的环境问题。工业生产加快了矿山、森林的采伐，工业生产废物和污染物大量产生，污染环境事件不断发生。如果说这个时期的农业生产在生产和消费中所排放的"三废"是可以纳入物质与生物循环而能迅速净化重复利用的话，那么工业生产除生活资料外，巨大规模地进行生产资料的生产，还把大量深埋地下的矿物资源开采出来，加工利用，许多工业产品在生产和消费中排放的"三废"是难以降解、同化和忍受的。

20世纪50年代以后，震惊世界的环境事件接连不断，这个时期正是各国城市化进展最快的时期，许多发达国家城市化率达到或超过50%。人口的过度集中必然是工业生产的集中和扩大的表现。工业生产的规模化带来了能源的消耗大增，加之人们当时对环境意识还很薄弱，排放污染物的无节制必然会出现重大环境问题。

当时在工业发达国家因环境污染已直接威胁到人的生命安全，成为重大的社会问题，引起市民的强烈不满。1952年的伦敦烟雾事件、1953—1956年日本的水俣病事件，是当时最具代表性的事件。环境问题开始被世界各国所重视。

1962年，美国海洋生物学家蕾切尔·卡逊所著的《寂静的春天》一书震惊了世界。该书通过列举大量事实，科学论述了DDT等农药污染物对生态系统的影响，告诫人们要全面认识使用农药的利弊，它标志着近代环境保护思想的产生。这个阶段发达国家走的是"先污染，后治理"的道路，都面临着严重的环境污染现实，迫切需要减轻污染问题。

（3）世界环境保护的发展历程

1972年6月5日，第一次国际环保大会——联合国人类环境会议在瑞典斯德哥尔摩召开，世界上133个国家的1 300多名代表出席了会议。这是世界各国政府共同探讨当代环境问题、保护全球环境战略的第一次国际会议。会议通过了全球性保护环境的《联合国人类环境会议宣言》（简称《人类环境宣言》）和《行动计划》，宣告了人类对环境的传统观念的终结，达成了"只有一个地球"、人类与环境是不可分割的"共同体"的共识。同时它号召各国政府和人民为保护和改善人类环境而奋斗，开创了环境保护事业的新纪元，这是人类环境保护史上的第一座里程碑。同年召开的联合国第27届大会把每年的6月5日定为"世界环境日"。

1979年2月12—23日"世界气候大会——气候与人类专家会议"于瑞士日内瓦举行，来自50多个国家的约400人参加了该会议。大会通过了世界气候大会宣言，并最终推动建立了政府间气候变化专门委员会（IPCC）、世界气候计划和世界气候研究计划等一系列重要国际科学倡议，提高了人们对气候变化科学认识，对推动气候变化研究和评估工作作出了重要贡献。这是世界各国开始关注气候变化对人类生存和影响的一次重要会议。

1982年5月，国际社会成员国于肯尼亚首都内罗毕召开了人类环境特别会议，并通过了《内罗毕宣言》。宣言在充分肯定了《人类环境宣言》的基础上，指出了进行环境管理和评价的必要性，认识到了环境、发展、人口与资源之间的紧密而复杂的相互关系，在区域内只有采取一种综合的办法，才能实现环境无害化，使社会经济持续发展。《内罗毕宣言》告诫人类因为贫困和浪费，都会过度开发资源，必须用规划手段予以调节。这次会议建议成立"世界环境与发展委员会（WECD）"，也称布伦特兰委员会（Brunftland Commission）。

1985 年科学家发现南极上空的臭氧约损耗了一半并形成了"臭氧洞"，这一发现更为响亮地敲起了环境保护的警钟。同年 4 月，联合国环境规划署在奥地利首都维也纳召开了会议，会议通过了有关保护臭氧层的国际公约——《保护臭氧层维也纳公约》，该公约从 1988 年 9 月生效。但这个公约只规定了交换有关臭氧层信息和数据的条款，对控制消耗臭氧层物质的条款却没有约束力。中国于 1989 年加入了《保护臭氧层维也纳公约》。

1987 年 2 月，在日本东京召开的第八次联合国世界与环境发展委员会，会议通过了《东京宣言》，并通过了《我们共同的未来》报告书，正式提出了可持续发展的概念：既满足当代人的需求，又不损害子孙后代满足其需求能力的发展。同年 9 月 16 日，由联合国环境规划署组织的"保护臭氧层公约关于含氯氟烃议定书全权代表大会"在加拿大蒙特利尔市召开，36 个国家、10 个国际组织的 140 名代表和观察员出席了此次会议。其中，24 个国家签署的《关于消耗臭氧层物质的蒙特利尔议定书》，对有关消耗臭氧层的受控物质的种类、控制限额的基准、控制时间和评估机制都作出了明确规定。该议定书于 1989 年 1 月 1 日起生效。中国于 1991 年 6 月签署了《蒙特利尔议定书》。

1992 年 6 月 3—14 日，在巴西里约热内卢召开了联合国环境与发展大会，这是继 1972 年 6 月瑞典斯德哥尔摩联合国人类环境会议之后，环境与发展领域中规模最大、级别最高的一次国际会议。有 183 个国家代表团 70 个国际组织和代表、102 位国家元首或政府首脑到会讲话，中国总理李鹏应邀出席了首脑会议，发表了重要讲话。大会确立了将可持续发展作为人类社会共同的发展战略。会议讨论并通过了《关于环境与发展的里约宣言》（又称《地球宪章》）、《21 世纪行动议程》和《关于森林问题的原则声明》3 项文件，154 个国家签署了《联合国气候变化框架公约》（UNFCCC），148 个国家签署了《生物多样性公约》。这些文件和公约有利于保护全球环境和资源，并要求发达国家承担更多的温室气体减排义务，同时也照顾到发展中国家的特殊情况和利益。《联合国气候变化框架公约》是世界上第一个为全面控制二氧化碳等温室气体排放，以应对全球气候变暖给人类经济社会带来不利影响的国际公约，是世界国际合作的一个基本框架。这次会议的成果具有积极意义，在人类环境保护与持续发展进程上迈出了极为重要的一步。

1995 年 4 月 7—17 日，为期 11 天的联合国《气候变化框架公约》缔约方第一次会议（COP1）在德国柏林国际会议中心闭幕，会议通过了《柏林授权书》等文件。文件认为，现有《气候变化框架公约》所规定的义务是不充分的，同意立即开始谈判，就 2000 年以后应该采取何种适当的行动来保护气候变化进行磋商，以期最迟于 1997 年签订一项议定书，议定书应明确规定在一定期限内发达国家所应限制和减少的温室气体排放量。1996 年在瑞士日内瓦召开了联合国气候变化框架公约第二次缔约方大会（COP2），对议定书起草问题进行讨论。

1997 年 12 月 11 日，联合国气候变化框架公约第三次缔约方大会（COP3）在日本京都召开。149 个国家和地区的代表通过了《京都议定书》（Kyoto Protocol），它规定从 2008—2012 年，主要工业发达国家的温室气体排放量要在 1990 年的基础上平均减少 5.2%，其中欧盟将 6 种温室气体的排放削减 8%、美国削减 7%、日本削减 6%。引人注目的是美国没有签署该条约。

1999 年 12 月 2 日，国际保护臭氧层大会高级别会议在北京召开，来自 212 个国家和国际组织的近千名代表出席了这次盛会。在此次盛会上同时举办了《维也纳公约》缔约方大会第五次会议和《蒙特利尔议定书》缔约方大会第十一次会议部长级会议。联合国助理秘书长兼环境规划署副执行主任卡卡海尔高度赞扬了中国在消除贫困和致力于经济进步方面做出的巨大努力，并对全球各国在环境保护和臭氧层保护方面所做的努力做了回顾与展望。

2002 年，可持续发展世界首脑会议在南非约翰内斯堡召开。此次会议是继 1992 年巴西会议之后，国际社会就促进全球可持续发展问题举行的又一次重要会议。会议对《21 世纪行动议程》的实施情况进行了全面的回顾和审议，通过了《约翰内斯堡可持续发展声明》和《首脑会议实施计划》，并形成了 220 多项"伙伴倡议"。

2007 年 12 月，联合国气候变化框架公约第十三次缔约方大会（COP13）在印度尼西亚巴厘岛举行，会议着重讨论"后京都"问题，即《京都议定书》第一承诺期在 2012 年到期后如何进一步降低温室气体的排放。联合国气候变化大会通过了"巴厘岛路线图"（Bali Roadmap），启动了加强《气候变化公约》和《京都议定书》全面实施的谈判进程，致力于 2009 年年底前完成《京都议定书》第一承诺期 2012 年到期后全球应对气候变化新安排的谈判并签署有关协议。

2008 年 12 月第一届世界环保大会（WEC）在北京召开。这是由中国倡导，世界经合组织为主要组织形式的国际会议。大会以"应对金融危机，推动绿色转变"为主题，引领环保与新能源产业中国发展为组织核心，全力助推中国环境保护与新能源产业全球发展，积极应对全球金融危机，为提升中国绿色产业链发展层次献计献策，同时为世界各国企业在中国投资节能环保与新能源产业奠定了坚实的平台，建立了强大的合作系统，搭建了世界环保产业交流合作的平台。

2009 年 12 月 7 日，联合国气候变化框架公约第十五次缔约方会议（COP15）在哥本哈根举行。192 个国家的环境部长和其他官员们参加了此次会议，商讨《京都议定书》一期承诺期到期后的后续方案，就未来应对气候变化的全球行动签署新的协议。这是继《京都议定书》后又一具有划时代意义的全球气候协议书，毫无疑问，对地球今后的气候变化走向产生决定性的影响。这是一次被喻为"拯救人类的最后一次机会"的会议。

2011 年 11 月 28 日至 12 月 11 日，联合国气候变化框架公约第十七次缔约方会议（COP17）在南非德班召开。"绿色气候基金"是德班气候大会核心议题；《京都议定书》第二承诺期的存续问题，是德班气候大会期待解决的首个关键问题。德班气候大会决定，实施《京都议定书》第二承诺期并启动绿色气候基金。

从 1972 年斯德哥尔摩《人类环境宣言》到 2011 年德班会议，世界各国对全球环境展开了一系列的讨论与争论，形成了若干公约、条约，目的都是在全力保护我们赖以生存的地球。无论是争议还是妥协，世界环境保护的大趋势就是走绿色低碳经济发展之路，走可持续发展之路。世界环境保护发展可以概括地说，经历了由"先污染，后治理"到"边污染，边治理"，再到今天的"发展中保护，保护中发展"的艰难历程。

1.1.2　世界环境保护的发展趋势

（1）可持续发展成为各国共识

工业革命促进了物质生产的极大变革，同时，却忽视了人类的存在必须以自然的持续存在为前提，人们盲目地要征服自然、战胜自然，却忽视了人与自然相互依存的关系。一时的繁荣却带来了环境污染、生态破坏、资源枯竭等严重的后果。人们开始对人类的发展问题进行了深入的、理性的思考，并逐渐醒悟。20 世纪 80 年代，人类提出了一个新的发展观——可持续发展观，其核心思想是：健康的经济发展应建立在生态可持续能力、社会公正和人民积极参与自身发展决策的基础上。将既要使人类的各种需要得到满足，个人得到充分发展，又要保护资源和生态环境，不对后代人的生存和发展构成威胁作为其发展目标。它特别关注各种经济活动的生态合理性，强调对资源、环境有利的经济活动应给予鼓励，反之则应予摒弃。可持续发展观提出后，迅速引起国际社会的广泛关注，现今已成为各国共识。

（2）低碳经济成为主流

近年来，废气污染、光化学烟雾、水污染和酸雨等的危害，以及大气中二氧化碳浓度升高将带来的全球气候变化，已被确认为人类破坏自然环境、不健康的生产生活方式和常规能源的利用所带来的严重后果，建立公平有效的国际气候治理机制成为当今世界政治的主要议题之一。2007 年政府间气候变化专门委员会（IPCC）第四次科学评估报告发表之后，全球对于人类活动和气候变化之间的联系已基本达成共识。气候变化的威胁已成为全球实现低碳转型的一个重要的政治驱动力。尤其是"巴厘岛路线图"达成以来，美国也被纳入到旨在减缓导致全球变暖的温室气体减排协议之中，低碳经济理念受到国际社会的广泛关注，全球向低碳经济转型成为大势所趋。

（3）利益相关者多方合作，跨国界解决环境问题

行政区域是一个开放的系统，各行政区之间存在着各种物质、能量和信息的交换。空气、水、噪声、核与辐射等污染，森林、草原、湿地萎缩，土地退化及荒漠化，生物多样性减少等环境问题经常跨越行政边界。任何一个国家都没有能力单独解决国际生态环境问题，即使是一个国家内部的生态环境问题，往往也需要他国的支持和援助。因此，解决环境问题的根本途径便是利益相关者突破环境保护国际边界壁垒，跨国界多方合作。例如，近年来东北亚地区的环境问题，包括沙尘暴、水质污染、海洋污染等问题频繁发生，引人关注。中、日、韩三国已经意识到必须按照环境问题的客观整体性，开展多边合作，采取系统的统一行动，解决困扰该区域的环境问题。目前，三国已经建立起针对沙尘暴、酸雨等问题的国际联合监测网，环境管理部门建立了定期沟通机制，三国的国家环境科学研究院所已经联合举行了多次的年度会议，为区域性环境问题的解决提供了有效的支持。

（4）环境利益的区际公平

环境问题的产生与经济、社会发展密切相关。对一个国家而言，在承担维护本地区环境系统"义务"时，存在国际环境责任和利益公平的问题。许多发达国家和地区在发展之初，依靠掠夺发展中国家的资源来发展经济，在实现本区域环境保护的目标时，又"成功"地将重污染行业转移到了发展中国家和地区，以牺牲发展中国家的环境为代价发展自身经济。而发展中国家则只能依靠输出高耗能、高污染生产的产品来发展经济，输出的是资源，留下的是污染，加剧了区域环境问题。此外，从人类历史上看，发达国家在实现工业化、现代化的过程中，无约束地、大量地排放污染物，严重破坏了环境。为此，发达国家有必要向发展中国家提供足够的技术、资金和能力建设支持，保障发展中国家的环境质量改善和经

济增长方式转变，以达到环境利益的公平。而在这一点上，已成为发展中国家与发达国家争论的焦点。

（5）综合手段和共同约束

环境问题是复杂的经济社会发展与自然相互作用的产物，因此，环境问题的解决必须运用综合的手段。除了技术途径，还要运用法律和经济等手段。同时，无论采取什么手段，无论在多大尺度上实现多方合作、解决共同的环境问题，都必须有具有共同约束力的协定、条约、法律法规等，作为规范和统一各方行为的准绳。

1.1.3　世界环境保护浪潮对中国的影响

中国作为一个处于工业化和城市化阶段的发展中国家，经济和贸易增长与资源、环境约束之间的矛盾日益突出，世界环保热浪的袭来对中国产生一系列的影响。

（1）经济增长方式

中国是世界上最大的发展中国家，面临的历史任务是提高社会生产力，增强综合国力，提升人民生活水平。传统的粗放型增长方式是我国经济社会发展中一个比较突出的问题，主要表现在通过扩大投资规模、过多依靠各种资源的大量消耗去实现经济增长，由此导致经济增长效率不高，效益相对低下，环境压力明显加大，从而必然导致自身发展不可持续。不转变经济增长方式，在国际产业分工中将永远处于被动地位。为此，我们必须把发展作为第一要务，加快体制改革和创新，加快完善社会主义市场经济体制，加快推进经济结构战略性调整，努力扩大消费需求，促进经济增长方式向以"低投入、低消耗、低污染、高效益"为特征的资源节约型、科技先导型和质量效益型道路的转变。

（2）出口贸易

1999 年 7 月，欧盟单方面对我国输欧货物木质包装实行新的检疫标准，对不符合规定者，对方有权进行拆除包装并销毁或做退货处理。随着低碳经济的发展，发达国家又将纷纷实行碳税政策。碳税一般是对煤、石油、天然气等化石燃料按其含碳量设定定额税率来征收的。开征碳关税将提高企业的生产成本，尤其是钢铁等能源密集型部门，使其在国际贸易中的竞争力降低，甚至丧失。根据世界资源研究所（WRI）对各国各部门碳排放的统计，中国的出口商品中所含的碳排放量是最高的。这也就意味着，一旦实施碳关税，中国的出口商品将受到更大的冲击。2009 年 6 月通过的《美国清洁能源法案》规定，美国有权对包括中国在内的不实施碳减排的国家在进口能源密集型产品时征收碳关税。此前，法国政府也建议欧盟对发展中国家的进口产品征收碳关税。目前，机电、建材、化工、钢铁等高碳产业占据了中国出口市场一半以上的比重。显然，征收碳关税在短期内对上述行业将产生严重的负面影响，碳关税实则为绿色贸易壁垒的新形式。中国高能耗、高排放、低能效的生产模式还将持续相当长的时间，产品出口势必越来越频繁地遭遇绿色壁垒，并由此引发更多的贸易摩擦。

（3）减排技术和手段

目前，中国经济正好进入了一个高能源消耗、高能源强度的阶段，如果没有发生重大的技术革命，可能会面对一个所谓的"锁定效应"问题。以电力部门为例，据估计，到2030年，中国将新增发电能力126万兆瓦，其中70%为燃煤电站。中国在积极发展电力的过程中，如果未能避免传统燃煤发电技术的弊端，则这些电站50年后还会像现在这样较多地排放碳。用传统技术建设这些发电装置，会立即增加排放量，同时也减少了将来转换到低碳能源的机会，即未来中国的碳排放状况将不可避免地在最近几年内被锁定。为积极应对世界环保发展的大趋势，我们需要采取新的发展路径，加快技术更新，加速产业结构调整。

（4）封闭环保与开放环保

在环境保护方面，发达国家拥有丰富的经验与专业知识，而发展中国家缺乏财力资源、专门知识或技术能力。为此，作为发展中国家，必须加强与发达国家的合作，以达到互相补充、互相协助、共同发展的目的。从我国目前状况来看，急需与发达国家开展常规能源开发技术、提高能源利用效率与节能技术、洁净煤技术、核能技术、新能源和可再生能源技术、高效节能低污染交通运输设备及系统技术和对气候变化的适应性技术等技术合作；急需同发达国家开展具有较高专业素质和实际环境管理经验的新型环保人才培养合作；急需同发达国家开展相关环境政策、法规研究合作；急需同发达国家通过贸易的形式，进行环保项目合作，由发达国家投资温室气体减排项目，利用由此产生的排放减少量来履行发达国家在《京都议定书》中减排温室气体的承诺，从而实现"双赢"。过去封闭的环境保护思维定式将被国际化的大环境保护理念所取代。中国环境领域的对外开放和国际合作势在必行。

（5）环境管理手段

长期以来，我国的环境管理政策是以政府行政干预和控制为主，最常用的手段是对污染企业要求限期治理和关停并转等。行政手段短时间内可以立竿见影，但有不少缺陷，存在着不稳定性、阶段性。近几年，经济手段悄然兴起，但是由于经济政策涉及各部门、各行业和各地区之间利益调整等问题，环境经济政策在落实过程中便有可能会被打折扣，甚至流于形式。使用单一的环境管理手段，很难达到有效进行环境管理的目的。环境问题的解决必须坚持依法行政，不断完善环境法律法规，严格环境执法；建立一套全方位、多领域的环境经济新政策，如排污权的交易、环境产权的交易、环境税、生态补偿等；大力发展环境科学技术，以技术创新促进环境问题的解决；建立政府、企业、社会多元化投入机制和部分污染治理设施市场化运营机制，完善环保制度，健全统一、协调、高效的环境监管体制，综合运用法律、经济、技术和必要的行政手段。

1.2　中国环境保护发展及面临的问题

1.2.1　中国环境保护的发展历程

20 世纪 70 年代，环境保护这四个字还没有进入绝大多数中国人的视野。1973年，在周恩来亲自过问下，以国务院名义召开了第一次全国环境保护会议，确定了"全面规划、合理布局、综合利用、化害为利、依靠群众、大家动手、环境保护、造福人民"32 字方针，这一年可以说是"中国环保元年"。1983 年召开的第二次全国环保会议，成为中国环保事业的一个转折点，环境保护被确定为基本国策，奠定了在社会主义现代化建设中的重要地位，确定了"预防为主，防治结合"、"谁污染，谁治理"、"强化环境管理"三大环境政策。

1983—2011 年，国务院先后召开了 5 次环保大会，为解决中国的环境问题做出了一系列重大的决策，推动环保事业走向深入。1989 年 4 月 28 日至 5 月 1 日召开了第三次全国环境保护会议，提出了我国环境保护管理工作"八项制度"：环境影响评价制度、"三同时"制度、排污收费制度、城市环境综合整治定量考核制度、环境保护目标责任制度、排污申报登记和排污许可证制度、限期治理制度、污染集中控制制度。1996 年 7 月召开了第四次全国环境保护会议，提出保护环境是实施可持续发展战略的关键，保护环境就是保护生产力，确定了坚持污染防治和生态保护并重的方针，在全国开展了大规模的重点城市、流域、区域、海域的污染防治及生态建设和保护工程。2002 年 1 月 8 日召开了第五次全国环境保护会议，提出环境保护是政府的一项重要职能，要按照社会主义市场经济的要求，动员全社会的力量做好这项工作。2006 年 4 月 17—18 日召开了第六次全国环境保护大会，中共中央政治局常委、国务院总理温家宝出席会议并作重要讲话，会议提出了"三个转变"：一是从重经济增长轻环境保护转变为保护环境与经济增长并重，在保护环境中求发展；二是从环境保护滞后于经济发展转变为环境保护和经济发展同步，努力做到不欠新账，多还旧账，改变先污染后治理、边治理边破坏的状况；三是从主要用行政办法保护环境转变为综合运用法律、经济、技术和必要的行政办法解决环境问题，自觉遵循经济规划和自然规律，提高环境保护工作水平。2011年12月21日国务院召开了第七次全国环境保护大会，中共中央政治局常委、国务院副总理李克强出席并作重要讲话。会议提出以环境保护优化经济发展是新时期环保工作的基本定位，必须坚持在发展中保护，在保护中发展，积极探索代价小、效益好、排放低、可持续的环境保护新道路，切实解决影响科学发展和损害群众健康的突出环境问题。

40年的历程，我国环境保护事业积极稳步发展，环境管理与执法逐步加强，污染防治力度日益加大，生态环境保护与建设不断提高。"十一五"期间，全国环保投入达2.1万亿元，主要污染物预定的双减10%的任务超额完成，全国城市污水处理率由52%提高到77%，火电脱硫比例从14%提高到82.6%；解决了2.15亿农村人口饮水不安全问题，支持6 600多个村镇开展农村环境综合整治和生态示范建设；环境质量持续改善，全国七大水系（珠江、长江、黄河、淮河、辽河、海河、松花江）好于III类水质的比例从41%提高到59.9%，地级以上城市达到或优于空气质量二级标准的比例明显提升，达到81.7%。

环境保护机构的变化与升格也是中国政府以及全社会对环境保护认识不断深化、环境保护力度逐步加强的一个缩影。1974年，中国成立了第一个环境保护管理机构——国家环境保护领导小组及其办公室。1982年的机构改革中，环境保护机构正式进入了政府序列，在新成立的城乡建设环境保护部内设了环境保护局。1988年，国务院决定独立设置国家环境保护局，作为国务院的直属机构。1998年国务院机构改革将环境保护部门升格，设置了正部级的国家环境保护总局。2008年3月，国家环境保护总局升格为环境保护部。

1.2.2 中国当前面临的环境问题

在取得成就的同时，也应认识到经济增长依赖资源环境消耗的传统发展模式还没有根本改变，发达国家百年工业化过程中分阶段出现的环境问题，在我国已集中出现，保护生态环境依然任重道远。

当今中国有三大污染：一是工业污染。我国现在拉动GDP增长几乎都是高污染、高消耗的产业，如造纸、电力、化工、建材、冶金等。二是城市污染。随着城市化迅速发展，城市空气污染严重，噪声污染日益加剧，水污染事件时有发生。三是农村污染。这是治污工作中的弱项。农村面源污染重，由于体制制约，连数据都统计不出来，农村的环境设施几乎等于零，垃圾靠风刮，污水靠蒸发，农村环境保护面临严重挑战。

除了众所周知的污染外，一些新的污染接踵而来，废旧电子电器、机动车尾气、室内建材和洋垃圾进口造成的重金属污染、生物多样性以及争论不休的核能核电问题，还有至今我们无法确定的新化学物质环境风险问题。

当前，最紧迫的问题是环境高风险时期提前来到。以松花江事件为标志，中国平均每两三天就发生一起和水相关的污染事故，石化、化工、重金属等污染事件多发，直接影响和威胁人民群众的财产和生命安全，引起社会恐慌。这是一个布局和结构性问题，因为我国高污染、高风险的企业大多数都布局在水边，仅就石化化工企业而言，长江、黄河沿岸就有 1.4 万多个，还有 2 000 多个在人口密集区与饮用水水源地。其中 80% 多地处环境敏感区域，45% 左右存在高风险隐患。由于我们缺乏对环境风险的认识，对环境安全设施投入不够，管理不规范，因而使得石化企业成为一枚枚环境风险的"定时炸弹"，中国的环境保护处在最艰难的时期。

1.3 环境保护总体规划提出的必要性及作用

1.3.1 环境保护总体规划的必要性

（1）经济社会发展的时代需要

20 世纪 70 年代末 80 年代初，正是中国改革开放的初期，这时期的中国经济发展主要是以城市为中心展开的。此时，城市建设被提到突出位置。为保障城市健康发展，合理地安排和组织城市各建设项目，妥善处理中心城市与周围地区及城镇、生产与生活、局部与整体、新建与改建、当前与长远、平时与战时、需要与可能等关系，使城市建设与社会经济的发展方向、步骤、内容相协调，城市总体规划被当做城市建设的龙头和蓝图，在城市化进程中发挥着重要作用，并得到各级政府的重视，在《城市规划法》中赋予了重要地位。各直辖市、省会城市、重点城市的总体规划被纳入国务院审批。

20 世纪 80 年代末 90 年代初，随着城市化进程的进一步加快，盲目占用土地耕地现象越来越多，而有限的土地资源成为制约城市发展的重要因素。为协调人口与土地、各用地部门和区域之间用地矛盾，进一步优化土地利用结构，提高土地利用的整体效益，加强土地资源的宏观控制和计划管理，土地利用总体规划因势产生并纳入国家发展战略。各直辖市、省会城市、重点城市的土地利用总体规划被纳入国务院审批，并在《土地管理法》中赋予重要地位。

在城市发展、土地资源保护中，城市总体规划与土地利用总体规划已得到充分的协调和融合，成为我国经济与社会发展中不可缺少的法定规划。

然而，在城市发展中，土地资源得到保护控制的同时，大量的湿地、盐滩、山岭、滩涂、海岸线、风景名胜区、自然保护区等在不断被蚕食，占用生态资源去换取发展空间已成为各地方发展经济、规避土地限制红线的主要手段。

在经济社会发展中，在保护土地资源的同时，还要保护生态资源、环境资源，真正实现资源环境的协调发展。在这一历史时期，提出开展环境保护总体规划就显得十分必要和紧迫。

（2）优化产业结构、转变经济增长方式的需要

从规划入手，系统解决发展与环境保护的矛盾，使发展与保护相一致，这在当今尤为重要。

国际经验表明，在经济发展中优化产业结构、转变经济增长方式的重要手段就是要强化环境保护，用提高环境准入门槛限制高污染、高耗能、高耗资源的产业的发展，以此引导企业转型，走高技术、高效益、低排放的可持续发展之路。党中央、国务院审时度势，及时提出中国经济社会发展要走资源节约型和环境友好型之路，这就从发展战略和发展观念上改变过去粗放式发展模式，真正实现经济发展与环境保护"双赢"。

环境保护总体规划就是从规划开始，引导产业结构调整，促进经济增长方式转变的最直接手段。总体规划的核心思想就是用生态区划指导产业布局，用环境容量限制经济发展中的高排放量。因此，开展环境保护总体规划，将在产业结构调整优化、加快经济增长方式转变中起到重要作用。

（3）综合治理环境问题的需要

中国的环境保护正从污染末端治理型向污染控制型转变，并在不断寻求对污染全防全控与综合治理的综合型突破。而实现这一突破的前提必须有科学的环境保护规划做指导。科学的环境保护规划必须与经济社会发展规划相一致，必须具有引导经济良性持续发展、预防和控制污染、综合治理污染这一功能。现有的环境保护规划都没有把这一功能运用在一起，与城市总体规划、土地利用总体规划没有很好地融合，特别在空间规划上有缺失，使环境保护的手段不硬，难以与其他部门共同综合治理环境问题。

环境保护总体规划的提出，就是要从规划源头上解决与各总体规划的融合问题，真正把综合治理环境问题的各种措施手段融入到各部门的工作中去，以达到共同治理的目的。

（4）坚持科学发展观，实现和谐社会的需要

2003年胡锦涛提出要"坚持以人为本，树立全面、协调、可持续的发展观，促进经济社会和人的全面发展"，按照"统筹城乡发展、统筹区域发展、统筹经济

社会发展、统筹人与自然和谐发展、统筹国内发展和对外开放"的要求推进各项事业的改革和发展。

一部环境保护的历史就是一部正确处理经济发展与环境保护的关系史。传统的发展模式，是以资源的高消耗、高投入和环境的高污染换取经济的低效益增长，经济增长与环境保护的矛盾十分尖锐。而科学发展观不赞成单纯为了经济增长而牺牲环境，也不赞成单纯为了保护环境而不敢能动地开发自然资源。二者之间的关系可以通过不同类型的调节和控制，达到在经济发展水平不断提高时，也能相应地将环境能力保持在较高的水平上。经济发展不是以拼资源、拼能源、恶化环境和破坏生态为代价，而是要处处考虑可持续发展，应用信息化和高技术节约资源，保护资源和环境，提倡循环经济，采用新技术特别是清洁生产技术，提高生产过程和产品的绿色化程度。科学发展既要"资源节约"，又要"环境友好"，继而实现经济的又好又快发展。

人与自然和谐发展是和谐社会的重要组成部分。人与自然的矛盾越尖锐，环境保护在构建和谐社会中的地位就越重要。近年来，环境问题已严重影响到社会稳定。如果环境保护继续被动适应经济增长，一些因环境污染引起的社会不安定状况便难以遏制，甚至有愈演愈烈之势。因此，环保工作必须加快推动历史性转变，下大力气解决涉及人民群众利益的突出环境问题，有效化解各类环境矛盾和纠纷，维护社会和谐稳定。环境保护总体规划正是依据科学发展观的要求，科学布局生态空间和发展空间，综合解决区域里各种环境问题，既保证发展，又不因发展而损害环境，从而达到环境友好。

新时期的环境保护规划将进入一个全域谋划、总体规划、开拓创新的新时期。环境保护规划在优化配置环境资源和规避潜在环境风险，促使经济社会协调持续发展的作用不断显现。在此背景下提出编制环境保护总体规划，旨在提高环境保护规划在国家规划体系中的地位，强化环境要素的宏观控制，发挥环境保护总体规划系统性、综合性优势，以此指导各项环境保护专项规划的编制和实施。可以说，环境保护总体规划与城市总体规划、土地利用总体规划是同等重要的规划，同属于一个层面，它从规划开始就紧密与土地资源和城市布局、产业调整相融合，具有很强的空间属性和可操作性。因此，环境保护总体规划的提出一定会对环境保护工作起到积极促进作用。

1.3.2 环境保护总体规划的作用

（1）环境保护总体规划作为国家宏观调控的手段

在市场经济体制下，整个社会的存在和运行都依赖于市场的运作，城市中任何要素的作用都需要与市场机制相结合才能得到发展。市场机制鼓励的是对个体利益的极大追求，而社会公共利益的获得就需要政府通过法规制度来干预实现。而规划本身就具有调控利益分配，保护公共利益的作用。因此，环境保护总体规划的作用就更多地体现在：一是经济、环境、社会发展的保障措施；二是以政府干预的方式保证经济社会发展符合公共利益；三是在特定时期用环境手段修正市场失调带来的发展过热问题。

（2）环境保护总体规划作为政策形成和实施工具

环境保护总体规划贯穿于社会发展的各个部门、各个行业，而各部门的决策都对社会发展产生作用和影响。所以，环境保护总体规划要为各部门、各行业的决策提供背景框架和整体导引，以保证决策都在一个方向上。在这个意义上，环境保护总体规划就起到各部门、各行业政策形成和实施过程中的工具作用。

（3）环境保护总体规划作为产业结构调整的杠杆

环境保护总体规划是把环境要素落实到城乡空间上，与城乡总体规划、土地利用总体规划相互协调与制约。而土地利用总体规划只明确那些土地可用作建设用地，而没有明确建设用地的种类。城乡总体规划明确了用地种类，如工业用地、居住用地等，但都没有明确工业用地的具体分类。环境保护总体规划却能明确化工类、机械类等用地适宜的空间和位置，是站在大环境角度去调节产业结构和布局，特别对于生态敏感区和脆弱区内已存在的产业，环境保护总体规划就起到控制和加快调整的杠杆作用。

（4）环境保护总体规划作为环境保护由微观走向宏观的纽带

环境保护总体规划的提出目的在于建立完善的环境保护规划体系，实现以总体规划为核心，将国家战略宏观规划与微观项目环评进行系统连接，使环境保护专项规划、环境评价和环境区划的编制有所依据。环境保护总体规划是环境要素之集成，是规划环评、项目环评之依据，是环境保护工作之纲领。只有抓住了这个纲，环境问题才能在总体规划指导下有系统地得到解决，才能把环境要素的控制从微观走向宏观，实现真正意义的环境保护。

第 2 章　国外环境保护规划发展及存在的问题

环境保护规划是人类为使环境与经济社会协调发展，而对人类将来的发展及环境资源的使用作出空间和时间上的计划和安排。以环境保护规划为纲领，指导环境保护工作的开展，是诸多国家环境保护中取得的重要成功经验。

2.1　国外环境保护规划的发展

过去欧美各国由于大规模的经济建设而导致的一系列生态环境问题，使人们意识到必须对自己赖以生存的环境进行有计划的开发、保护与管理。因此从 20 世纪 60 年代以来，环境规划备受美国、日本、英国、德国、荷兰等发达国家的充分重视（图 2-1）。

2.1.1　美国环境保护规划发展概况

作为最早开始环境保护规划的国家之一，美国的环境保护规划进行得十分广泛，每个州都设立了环境规划委员会，为环境保护规划提供顾问咨询。环境规划委员会大体上可分为三类：一类是成员由下面推荐，州长委派，权力较大，这类规划委员会工作富有成效；另两类作为顾问起咨询作用，人员成分复杂，工作效果较差。此外，环境规划委员会在制定环境保护规划时，邀请政府官员参加，同时进行广泛的评议，并设有公众听证会听取公众不同的意见和见解。

美国的环境保护规划一般都以区域性的环境保护规划为主，包括人类健康和生态影响规划、公共事业活动规划、工业过程规划及能源利用规划等。健康和生态影响是确定环境标准的基础，是制定环境法规的依据。公共事业活动规划是预防、处理生活或其他非工业活动产生的污染，研究饮用水中的污染物对人体健康的直接或间接影响，为地区、州和地方各级环境管理人员提供解决环境问题的有效措施和技术。工业过程规划主要研究减轻或消除工业引起的环境污染问题。能源利用规划主要研究能源与环境关系。

图 2-1　世界各国的环境保护规划文本

美国环境保护规划的发展历程大致分为 5 个阶段，见表 2-1。

表 2-1　美国环境规划的发展历程

项目	第一阶段：19 世纪晚期至 20 世纪初	第二阶段：1920—1969 年	第三阶段：1970—1981 年	第四阶段：1982—1991 年	第五阶段：1992 年至今
特点	绿地规划	以区域生态规划为主,科学技术应用到环境规划中	现代环境规划的诞生	过渡期	全球环境与可持续发展规划
具体措施	城市公园、花园、绿地；荒地；自然资源	局部生态规划；环境影响评价	污染控制；区域环境规划	法规的灵活性；财政鼓励政策	可持续性；全球环境；城市生态规划

（1）第一阶段（19 世纪晚期至 20 世纪初）

随着人口增长、移民增加以及经济的快速发展，出现了一系列的环境问题，如空气污染、生活污水和垃圾污染等。政府尝试用实体规划来解决城市工业化产生的环境问题，如重视绿地规划，建设了城市公园、运动场和下水道。该阶段的环境保护规划给未来的城市与区域生态规划、自然资源规划奠定了坚实的基础。但这一时期地方政府更注重经济增长，并没有从根本上解决环境污染问题。

（2）第二阶段（1920—1969 年）

人口继续增长，经济高速发展，空气质量和水质量下降，野生生物聚居地锐减，工业污染严重，政府仍然重视经济发展而忽视环境保护，导致环境质量总体下降。第二阶段末期，联邦政府开始重视环境保护规划，编制了一些区域环境保护规划，环境保护规划工作者多是关注生态环境保护。1970 年，总统尼克松签署了国家环境政策法案（NEPA），建立环境质量理事会监督政策法规的实施，环境立法、环境影响评价被提到重要议程。

（3）第三阶段（1970—1981 年）

这一阶段美国 60%的水体不适合饮用和游泳，很多城市居民因为烟尘污染引起呼吸系统疾病，环境问题的严重迫使政府不得不采取行动。政府制定了国家空气质量标准、水环境质量标准，确定了"谁污染，谁负责"的原则。在环境保护规划中，美国重视经济增长、人口变化和城市规模扩大等因素给环境带来的影响，环境质量的预测广泛采取了模型预测方法，并注重规划方案的优化和筛选。1975年美国联邦议会批准了美国环境保护局（EPA）提出的"大气清洁法案"及其修正案，并制定了一些财政刺激政策，各州纷纷开展了环境保护规划研究，都把 EPA 规定的各阶段环境目标确定为区域性环境目标。环境保护开始和经济发展相协调。环境标准和政策的制定，以及环境保护规划的实施使大气和水污染得到了控制。

为了缓解能源对环境的影响，美国环境质量委员会于 1980 年提交了《2000 年的世界》的研究报告，对 2000 年的世界人口、资源、能源和环境进行了动态模拟和预测。报告中提出美国应发展无害或低污染工业、利用清洁能源等设想。这个报告到目前仍具指导意义。

（4）第四阶段（1982—1991 年）

这一阶段为可持续发展的过渡期。政府针对环境问题出台了一些环境保护的法律法规，这些法律法规在一定程度上制约了工业企业的发展，而工业企业对联邦政府环保法规的抵触妨碍了环境保护工作的进展。另外，能源危机及其开发利用产生的污染是这一阶段的重要环境问题。石油经济危机驱使联邦政府推动能源保护和发展可再生能源，并促进了可持续发展理念的产生和发展，遵循低消耗、再循环、低排放的原则，以尽可能小的环境成本获得尽可能大的经济和社会效益。

（5）第五阶段（1992 年至今）

1997 年日本京都召开的《气候框架公约》第三次缔约方大会上通过的《京都议定书》旨在针对气候变化减少温室气体排放。基于该议定书将会阻碍美国的经济发展，美国拒绝了签署该议定书，成为了没有签署该议定书的工业国家之一。但美国政府也意识到可持续发展是这一阶段的主要奋斗目标，并将可持续发展的理念应用到环境保护规划中。

1993 年美国国会通过了《政府绩效和结果法》，对政府拨款项目的预算审核、运行监督和事后评估程序进行了详细规定。根据该法案要求，各行政部门均要编制其至少涵盖未来 5 年的战略规划，但至多在 3 年后必须更新。美国环境保护局作为美国政府的行政部门之一，也需要根据该法案编写其战略规划。美国环境保护局的战略规划提出其未来 5 年的工作目标，并描述其如何使得美国的环境更清洁和健康。这个规划既是就其职责向公众的说明，也是如何实现既定环境目标的路线图。美国环境保护局已制定的战略规划包括 1997—2002 年、2000—2005 年、2003—2008 年 3 份，目前正在实施的是 2006 年 9 月发布的"2006—2011 年战略规划"。

美国环境保护局战略规划（2006—2011 年）描述了美国环境保护局在 2006—2011 年间计划开展的工作和希望达到的指标，分析了可能遇到的新的重要挑战和机遇。这一战略规划继续围绕上一个战略规划提出的目标进行部署，它们是清洁空气和全球气候变化、清洁和安全的水、土地保护和恢复、健康的社会和生态系统以及环境管理的总纲。

具体来看，美国"不统不控＋政策当先"的环境规划与管理体制与美国联邦制的国家制度相适应。该体制下美国的环境保护规划没有统一范式，也不强调规划目标自上而下的具体落实和分配安排，整个规划体系较为松散。

2.1.2　日本环境保护规划发展概况

日本对待环境保护的态度是随着经济增长、污染加剧而逐步转变的。20 世纪 60 年代以前，日本国家建设的主题是经济恢复与发展，对环境保护很不重视。从 60 年代开始，由于实行所谓正式的高速增长政策，能源消耗量大增，公害问题不断出现，人们逐步认识到"经济发展不能以牺牲环境作代价"。在这种情况下，日本政府开始重视环境问题，推行了一系列环保政策。

日本环境保护规划的发展历程大致分为四个阶段，见表 2-2。

表 2-2　日本环境规划的发展历程

项目	第一阶段： 20 世纪 50—70 年代	第二阶段： 20 世纪 70—80 年代	第三阶段： 20 世纪 80—90 年代	第四阶段： 21 世纪
特点	防治公害	保护环境	环境治理	构建循环型社会系统

（1）20 世纪 50—70 年代的"防治公害"阶段

从 20 世纪 50 年代中期开始，日本陆续出现了"四大公害"事件。此后，日本政府先后制定了多部公害防治法令，如在 1967 年制定了《公害对策基本法》和《环境污染控制基本法》，通过法律规定了环境保护的基本政策和基本环境规划，明确了中央和地方政府、企业和个人的环境责任和公害问题发生后的赔偿问题。这些法规为日本开展环境保护规划提供了法律支持。

（2）20 世纪 70—80 年代的"保护环境"阶段

1970 年，日本政府对《公害对策基本法》进行修改，指出公害对策的目的是"在保护国民健康的同时，保护生活环境"。日本政府开始调整产业结构，由资源密集型产业向资本技术密集型产业转化。环境政策与产业政策的调整相互促进，有效地降低了污染量，使日本成为世界公认的"防治公害先进国"。

70 年代初期，日本首先进行了福井工业区、鹿岛工业区的环境保护规划，规划中提出了环境目标，分析了开发和建设所造成的环境影响，对未来的环境变化给出了预测结果，提出了各种污染物总量控制、防治对策和治理措施，制定了环境保护规划方案。但是经济优先的发展观念使企业仍采取被动型的环境污染治理方式，企业家为了追求最大利润而忽视环境，因此污染现象并未得到根本的抑制。

1977 年，日本环境厅编制了《日本环境保护长远规划》，作为 1975—1985 年环境保护管理的指针。本规划包括防治公害和自然环境保护两部分，每一部分均详述了基本方向、规划目标、主要措施以及所需费用的预测和费用负担的具体方法。

（3）20 世纪 80—90 年代的"环境治理"阶段

20 世纪 80 年代，日本是全球二氧化碳排放和氯氟烃使用最多的国家之一。为此，日本政府启动了以开发新能源为中心的"阳光规划"、以节能为目的的"月光规划"和"地球环境技术开发规划"。

进入 90 年代，日本环境管理发生了观念上的变革，从经济优先转为经济与环境兼顾，日本政府陆续颁布了环境基本法、节能法和再循环法等，推动了日本社会、经济和环境向可持续方向发展。1992 年联合国环境与发展大会以后，日本将上述三项能源规划合并为"新阳光规划"。1994 年出台了《21 世纪议程行动规划》，该规划的目的是通过可持续发展途径，逐步实现全球的环境保护。1994 年日本政府为全面而有计划地实施环保政策措施，制定了第一个环境保护基本规划。该规划提出了环境保护的基本方针和具体政策措施，主要有以下四点：第一，以环境负荷小的资源循环利用为基础，构筑环保型经济社会体系；第二，实现人与自然的协调和长期共存；第三，在公平负担环保费用的前提下，由国家、地方公共团体、企业和个人共同参加环境保护；第四，推进国际环境合作。从 1995 年起，日本政府制订了《国家作为事业者和消费者，率先实施环境保护的行动规划》，规定了国家在政府采购、政府消费、政府建筑物建设和管理中都优先考虑环境保护的规划和具体措施。

（4）21 世纪"构建循环型社会系统"阶段

进入 21 世纪，日本环保观念实现了更高层次的飞跃。2000—2002 年，日本先后颁布实施了《汽车循环法》等多部推进"减量化（Reduce）、再利用（Reuse）和再循环（Recycle）"的法律。日本提出了以"自然资源—产品利用—废物处理"线形流程组成的"开环式经济"和向强调资源节约和循环的"再利用闭环式经济"模式的转变，在构建循环型经济方面走在世界的前列。

2000 年 12 月制订了《第二个环境保护基本规划——走向环境世纪的方向》。第二个环境保护基本规划充分体现了日本面向 21 世纪的环境保护的新的战略，即由过去的控制工业污染，转为以循环、共存、参与和国际行动四项长期工作为主要内容的，最终建立以再循环使用为基础的发展战略。

2006 年 4 月又制订了《第三个环境保护基本规划——从环境开拓走向富裕的新道路》。第三个环境保护基本规划根据日本环境的现状与问题以及人口减少提出的新课题，以 2050 年为期限，提出了未来社会的目标、环境政策的基本方向和重点领域的政策措施。第三个规划中提出了 5 项重点内容：第一，鼓励环境与经济、社会的协调发展，提倡企业开发环境友好产品。第二，从环保的观点出发，形成可持续的国土环境，尤其加强对农业、林业的环境保护力度。第三，根据技术开发研究，解决环境不确实性的措施。对于环境问题，在没有明确科学依据的情况下，行政方面要采取措施，采取对策，减少环境不确定性。第四，国家、地方、公民个人都是环境保护的主体，要动员大家共同参与推动环保。第五，加强国际合作，创造国际环境保护合作规则。

2.1.3　荷兰环境保护规划发展概况

（1）《国家环境政策规划》介绍

荷兰的《国家环境政策规划》每 4 年编制 1 次。1989 年，荷兰公布了第一个环境综合治理规划即《国家环境政策规划》（NEPP）。通过《国家环境政策规划》的制定、颁布和实施，整个环境理念发生了巨大变化。荷兰的环境治理呈现出新的特点：从专注于某种环境介体污染的治理转为以污染源为目标；从政府自上而下指挥控制式的措施转为一体化的环境政策。荷兰环境政策在这一时期至少在纸面上从末端治理转变成生态现代化的视角，放弃了过去造成环境恶化后再修复、针对环境问题引入追加技术、忽视生产和消费过程的总体结构等旧的战略。这种新方法为可持续发展奠定了基础。其所关注的中心问题是：物质周期封闭，即从原材料到生产过程到产品、废物、再循环的链条上泄漏越少越好；节约能源，提高效率，使用可再生能源；改善生产过程和产品的质量。

在《国家环境政策规划》框架下，列出了 8 个领域的主要内容，即气候变化、酸雨、富营养化、毒物的弥散、废物处理、本地化公害、地表水枯竭和资源浪费。在这个框架下，自愿式契约具有明确的目标性，可以保证整个规划得到具体、顺利的实施。在政府与工业界商定契约内容时，每个领域所涉及的工业都与政府就减排的目标达成一致。然后各个不同的公司根据这个目标制定自己的环境规划，每一项规划都要进行评估，以确保所有规划聚合起来能达到该行业的目标。

在第四次全国自然科学规划会议上，荷兰颁布了本国 2010 年环境保护规划。这个规划与荷兰的经济、社会发展规划紧密相连。原则上，当代必须为下一代创造一个清洁、优美、安静的环境。2010 年的环境保护规划目标是排放到大气、水、土壤中的有害物质必须减少 80%～90%，以及全国和各区域要达到的各种不同的环境质量目标。这些目标为荷兰的短期经济社会发展和持续发展所必须采取的措施提供了方向。

荷兰为减少在生产和生活中排放的大量污染物，以实现 21 世纪第一个 10 年环境保护目标，选择了效果型措施、控制排放措施、数量方面的措施、结构源方面的措施。荷兰 2010 年环境管理的战略目标是排除影响结构源措施方面的障碍，增加利用结构源方面的措施的机会，并在未来采取改善排放措施。为达到预定的环境保护目标和防止新的环境问题的产生，在中期环境保护规划中，强调结构源方面措施的同时，仍需要采用排放方面的措施和数量减少方面的措施。

（2）荷兰环境保护规划体系介绍

荷兰环境保护规划体系包括环境政策规划、要素规划和行动计划 3 项内容（图 2-2）。环境政策规划是荷兰环境规划体系中最重要的环节，由国家和各级地方环境政策规划组成，对荷兰环境保护工作具有宏观的、全面的指导作用。要素规划和行动计划是由荷兰各级政府制定以某一要素或环境主题为对象的规划，它们在内容上应服从相应级别的环境政策规划，是环境政策规划得以落实的重要途径。

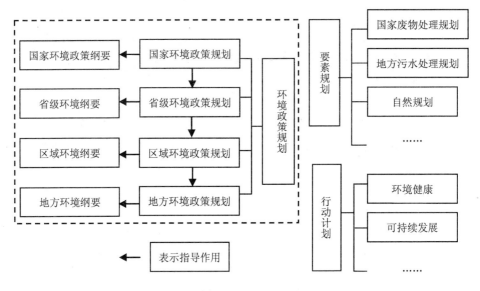

图 2-2　荷兰环境保护规划体系

①环境政策规划

环境政策规划根据规划范围和规划主体的层次可划分为国家级、省级、区域级和地方级环境政策规划等。国家环境政策规划是整个环境政策规划乃至荷兰环境规划体系的核心。它是一个战略框架，识别环境问题及其原因，设定近期与远期的国家环境目标；同时又具有行动计划的性质，综合考虑各行为主体可能采取的措施，用特定的行动达到改善环境质量的目标。

国家环境政策规划由住房、规划和环境部与荷兰经济事务部、农业渔业部、运输和公共事务部共同编制。这些环境政策规划是本级行政机构进行环境保护工作的基础。从各级环境政策规划的批准机构可看出，荷兰环境政策规划是"自上而下"式的。代表各个部门的委员会负责评估这些区域和地方的政策，以确定其与 NEPP 的兼容性。

②要素规划

要素规划为特定环境要素的管理提供依据，主要有废物管理规划、污水处理规划和自然规划等。

国家废物管理规划（LAP）每 4 年制定一个，明确国家废物管理政策的主要特征、阐述其在各类废弃物上的具体应用，并对国际废物转移管理与政策的明确形式做出相应的规定。国家废物管理规划的规划期为 10 年，内容包括政策框架、部门计划和能力规划三部分。针对新的国际法或废物处理新技术的出现，国家废物管理规划会及时做出调整。

地方污水处理规划由地区行政管理委员会、省行政管理委员会、污水净化处理厂的运营人员、地表水采集和排放的管理人员等参与制定。其内容需遵从地方环境政策规划，包括对本地区污水收集和排放设施的总体评价及其更换周期，对需要新建或更换的设施及其建设或更换的期限也有相应的规定。

自然保护规划类似于我国的生态规划，是为恢复受到工农业破坏的环境所制定的规划。它于 1990 年由农业渔业部制定，概述了政府未来 30 年的政策和目标，并包括一个 5 年计划。规划对国家的自然保护政策进行了调整，提出了保护、恢复和开发自然的新措施，要求在项目开发过程中考虑其自然代价。其中最重要的内容是通过保持、复原和开发自然、半自然生态系统创建国家生态网络。中央政府负责重要生态景观价值在国家和国际层面的保护和研究工作，省级和地方政府负责规划在本地的执行。

③行动计划

环境健康行动计划是 NEPP 中环境与健康政策规划的体现，由健康、福利和体育部与住房、规划和环境部（VROM）共同负责编制，于 2002 年发布，并定时做出进展报告。其目标是对已经识别的问题提出明确解决方法，关注点集中于减少环境因素带来的健康影响和避免环境风险。环境健康行动计划设计了 6 个主题，分别为交叉耦合研究、监测、早期警报、评估框架、地方政策、室内健康联系等。通过目标群来开展，行动分为国际、国家和地方 3 个层面。

可持续发展行动计划作为荷兰的国家环境政策，是其各项环境规划的出发点。可持续发展行动计划是 2002 年约翰内斯堡国际可持续发展会议在荷兰的行动结果。内容分为两部分，一是国内措施，由 VROM 负责，目标是引导公众关注自身行为带来的社会、文化、经济和生态后果，以基本社会变化促进可持续发展，并通过"范例、学习、动员"的过程促进其实施；二是国际措施，由外交部协调，采纳了约翰内斯堡国际会议上所提出的 5 个优先主题，即水、能源、健康、农业和生物多样性。

2.1.4 其他发达国家环境保护规划发展概况

（1）英国环境保护规划发展概况

①20 世纪 60—80 年代

英国环境保护规划最早是从 20 世纪 60 年代末开始的，即在英国西北部经济委员会组织的西北部经济规划中就开始考虑环境问题。曾提出一系列研究报告，如"烟气控制"和"废弃土地"等问题。他们所提出的环境目标是改善当地居民的生活质量，合理开发当地资源。除西北部经济委员会外，约克郡和汉伯萨德经济规划委员会在经济发展规划中也特别强调环境问题。

英国把环境保护规划确定为经济发展规划的一个有机组成部分，在国家的经济发展规划中，必须包括环境保护规划的内容，甚至分区规划中也必须包括环境保护规划的内容。

英国在新市镇规划中，非常重视有关环境保护规划的研究。例如，当沃林顿开发新区时，公众根据该地严重的大气污染状况，提出它不适合作为新市镇的镇址。该地卫生部门提出了有关烟尘、二氧化硫、沉积物以及风向、风速等资料。地方当局组织了防治污染工作组来进行具体规划，合理解决了当地污染问题，并提出了环境污染控制方案。

英国在环境保护规划方面的研究可以说走在了世界的最前沿。从 1898 年霍华德提出"田园城市"的理论，到英国的卫星城、新城的发展，再到大伦敦规划，这一系列的规划理论实践都是从创造一个更适宜的城市环境出发。

②20 世纪 90 年代

1990 年，英国城乡规划协会成立了可持续发展研究小组，并于 1993 年发表了《可持续环境的规划对策》，提出将可持续发展的概念和原则引入城市规划实践的行动框架，称为环境规划。

为了推进环境保护工作，英国政府于 1990 年 9 月发表了《共同的遗产：英国的环境战略》的白皮书，第一次全面系统地阐述了英国的环境政策和措施。全书分 6 章，内容包括：政府的态度；温室效应；城镇与乡村；污染控制；宣传与组织机构；苏格兰、威尔士和北爱尔兰的环境保护。

1991 年 9 月，在环境白皮书发表 1 周年时，英国政府又发表了 1 份"周年报告",回顾了环境白皮书颁布以来英国政府在环境领域所做的工作,并提出了今后将继续采取的措施。

英国的环境政策要点:努力保护和改善英国的自然环境以及空气和水的质量,大力提高能源和其他资源的使用效率,加强对废物和其他污染物质的控制与管理;治理污染要遵循"从污染源抓起,谁污染谁治理"的原则,充分发挥法律与经济两种手段的作用;环境保护工作要与经济发展相协调。发展经济要重视保护环境,环境保护要依靠经济的发展;积极开展环境科研,制订环境政策和采取环境措施要以科学为依据。对于有可能对人类健康和环境造成严重影响的问题,如全球气候变化问题,要敢于采取预防性措施;加强政府在环境保护工作中的"管理与服务"职能,同时大力开展环境宣传与教育,提高公众的环境保护意识与自觉性;积极全面地参加全球性环境保护活动,在全球环境领域发挥先锋作用;解决全球环境问题必须有发展中国家的积极参与,发达国家应从经济上和技术上给发展中国家一定的援助,在环境问题上尊重各国的主权。

根据英国的情况,环境白皮书确定了英国环境保护的主要内容:减少空气污染,提高空气质量;保护和改善水质,其中包括保护和改善北海及其他沿海地区的海洋环境;保持美丽的自然景色;保护野生动植物生存环境;改善城镇和都市的生活环境;保护各类建筑遗产。

1994 年,英国积极响应里约全球环境首脑会议要求,率先制订可持续发展战略。1997 年新工党政府上台后,提出对环境的关注将成为制订各种政策的核心。1999 年 5 月,英国政府公布第二份可持续发展战略,确定了同步发展经济、社会和环境的目标,并引入了量化指标。

③2000 年以后

英国自然环境研究委员会于 2002 年 4 月提出了"可持续未来的科学"计划。计划旨在组建一支科学团队,形成一种新的合作模式,使环境领域的科学家与物理学家、经济学家和其他科学家联合开展研究,关注水、生物地球化学循环和生物多样性、气候变化、能源、土地利用等。

2005 年 3 月,英国政府出台第三份可持续发展战略,规划了到 2020 年的发展方向。该战略涉及环保问题的指导原则是在环境极限之内生活,即尊重环境、资源和生物多样化的极限,为此要改善环境并确保生活需要的自然资源不受损害并世代保存。关于环保问题的优先目标是保护自然资源和优化环境,消费、生产、气候变化及能源问题均优先考虑可持续。由此可见,英国的环境问题和环保政策已经成为可持续发展理念的有机组成部分。

到 2006 年,英国的土地 77%在农村,大大超过欧洲 40%的平均数,是欧洲农业土地比率最高的国家之一。所以，英国的农田环境管理就变得尤为重要。为了解决农业发展过程中生产困难、农地过剩和物种单一化等问题，英国政府拟定了一系列以土地为基础的农田环境管理规划以及相关的管理政策，这些规划和政策对英国的农业发展与土地资源保护起到了重要的作用。

环境敏感区规划　在英国的某些地区如高地，拥有特别野生生物物种的地区，或是历史遗迹的所在地，英国政府特别编制了环境敏感区规划，目的使该地区的农民在实行相关农业操作的同时能够更加注意对环境的影响。此规划有些类似国内在某些地区规划国家公园或生态保护区。这个规划为英国闻名于世的乡村风光保护起到了重要作用。

守护田庄规划　这个规划提供给非特定区域的土地拥有者与管理人，不论该区域的地景生态如何，都可加入此规划。也就是说，不管该农场在湿地、高地、果园、草地、市郊等任何一种区域，都可以申请加入。此规划最终可以提升乡村景观的自然美，恢复受农业操作影响的生物多样性，使大众获得享受乡村的景观与休憩环境的条件。

有机农业生产规划　有机农业生产规划提供有意采用有机种植（或养殖）的农场某种程度的经济援助，以鼓励更多的农场实行有机耕作与养殖。尽管化学合成物质的使用对农业生产发展起到一定作用，但对环境的影响甚大，不但污染地下水、土壤或作物，而且使用化学物质防除杂草或病虫害的同时也有可能杀害原生动植物，改变其栖息地或扼杀生物多样性。然而，当人们再用古老的有机方法种植或养殖时，首先必须面临市场竞争力的问题。用长远的眼光看，有机农耕可尽量减小对环境的伤害，以可持续经营的理念来说是合理的，问题在于如何扭转农民与消费大众的心态使其接受有机产品。在过渡期中，政府用补助金或奖励金鼓励农民采用有机方式生产，不仅有效地防治了农用化学物质的污染，还为提供健康安全食品创立了条件。

能源作物规划　该规划的实施提高了能源作物的种植面积，通过对石化能源一定程度的替代，在减少不可再生能源的消耗和降低温室效应气体产生方面起到积极作用。

（2）俄罗斯环境保护规划发展概况

①20世纪70—80年代

前苏联也是从20世纪70年代初开始进行系统的环境保护规划工作，并取得了一定的成就，使前苏联的环境污染得到逐步控制，环境质量也有所改善。

前苏联环境保护规划的基本思想：第一，环境的破坏和污染，使自然资源没有得到很好的保护和利用。因此，规划的核心是编制自然资源利用规划。规划中对环境和资源现状加以分析，给出各部门之间使用资源的合理比例，产生经济效益的多少，以及环境保护措施。第二，规划中突出了用科学技术成果解决环境问题的思想。第三，规划中明确了环境保护规划必须纳入国民经济计划中，并经最高权力机关批准，确立了规划的法律地位。

前苏联解决环境污染的方法与西方国家有所不同。例如日本是采用污染物排放总量控制的方法，美国采用环境影响评价制度，而苏联则采用"目标纲要规划"的方法。这种规划方法是立足于利用最少的自然资源产生最大的效益，使环境污染达到最低。因此，他们解决环境污染问题是从提高资源利用率和合理开发资源入手，以便达到预期的环境目标。为此，他们在环境保护规划中采取如下主要措施：第一，为了确保环境保护规划的实施，在社会经济发展 5 年计划中，对各部门、各地方和单位逐年按规定指标，安排环境保护和科学研究的物资和资金；第二，对矿藏和生产废弃物的综合利用实行统计报表制度，建立废物统计体系，报表格式及指标均有统一规定；第三，国家标准委员会同有关部委负责制订环境保护和资源利用的规划标准。

1981—1985 年环境保护规划的重点是：土地的保护和合理利用、水资源的保护和合理利用、大气环境保护、森林资源的保护、自然保护区的划定及保护措施、渔业资源的再生、矿藏资源的保护和合理利用。

环境保护规划方法是：根据"资源—环境—经济"统一原则，制定国家环境保护规划，即环境目标纲要。所谓环境目标纲要是指将资源、经济、社会和环境保护综合起来形成一个整体，使之成为综合发展的纲要。

环境目标纲要法的特点是：第一，前苏联的国民经济发展规划是在计划经济的指导下，利用计划经济这种优势，对全国规划实行统一制定、统一管理，并由苏联国家计划委员会统一负责。第二，这种规划特点是保证了社会发展规划和环境保护规划成为一个统一的有机整体，使环境保护规划确实成为国家经济计划的不可分割的组成部分。第三，这种"资源—经济—环境"融为一体的规划，解决了资源消耗、经济增长与环境保护的矛盾，有利于实现经济效益、社会效益和环境效益的综合发挥。第四，这种建立在"资源—经济—环境"统一考核基础上的环境保护规划，是从"根"上解决环境问题的一条新路子。因此，这种环境保护规划的指导思想和方法与其他国家有根本的不同。第五，前苏联的环境保护规划方法，不是从环境质量控制开始，而是从最大限度的资源利用开始，充分利用科学技术，以使资源利用率最大，又能保持自然生态平衡，进而保护和改善生活环境与自然环境，以期达到预期的环境目标。第六，苏联在环境保护规划中，实行了综合利用的统计报表制度，建立了废物统计体系。总之，这种把环境污染控制和资源的合理开发和利用有序地结合成整体的办法，是根治环境污染的重要措施。

②20世纪90年代以后

俄罗斯环境保护规划的制定原则是既要以社会发展规划为基础，又要使环境保护规划与社会经济发展规划有机地结合起来，并把环境保护规划纳入国民经济计划之中，属于协调型的环境保护规划。

1999年俄罗斯国家生态委员会举行了第二次全俄自然保护工作会议，会议制订了俄罗斯联邦稳定发展战略和1999—2001年环境保护实施规划。会议评价了环境现状，制订了发展战略和步骤。会议加强了在环境保护领域国家机构和社会生态运动组织的地位，动员社会力量改善环境和合理利用自然资源。

环境保护的基本措施是进一步完善环境保护和资源利用的国家调节功能。包括以下具体措施：进行自然资源目录册的编制和实行自然资源登记、评价制度；完善合理利用自然资源的法律和标准，建立保护自然资源的法律和法规；制订和实施自然资源利用、恢复和保护的联邦和地区目标纲要；实行利用自然资源和保护生态许可证制度；确定利用或转让自然资源的价值，实行生态补偿用于恢复自然生态的规定；保障保护环境和恢复自然生态管理的财政支持；由主管部门对自然资源状态进行监测；发挥国家主管部门进行生态监测、监控和鉴定的作用；普及全民生态知识等。

（3）法国环境保护规划发展概况

法国在20世纪60年代中期正式将环境保护列入国家预算项目之中，并成立了环境保护机构。法国环境保护规划主要集中于以下两个方面：一是大力发展以预防为主的环境保护工程，确保环境的安全，更有效地防治各种区域性污染；二是加强对自然地域的管理，特别是对自然保护区的管理，防止这些地域受到污染。

2003年，法国通过了《可持续发展国家战略规划》，确定了未来5年政府在环境保护领域的工作路线：它将政府、个人消费者和社会各层面都动员起来，投入到一场保护环境、坚持可持续发展的攻坚战中。

在国家可持续发展后续战略中，法国政府于2007年推出了一项协商措施，即"环境问题多方协商会议"，为保障法国的可持续发展而确定新的行动。经过4个月的协商后于2007年10月25日公布了"环境协商会"的报告，该报告包括发展能源、未来"发动机"、生物多样性、环保城市、环境健康等方面的共13项行动计划，2007年10月底起这些计划进入立项阶段，并就相关项目做出了预算。

（4）德国环境保护规划发展概况

德国从20世纪70年开始实施"国家环境保护规划"，把环境保护工作置于优先地位。经过20多年的努力，德国的环境保护取得了举世瞩目的成就，不仅保证了经济的持续发展，还形成了发达的环境保护行业和环境保护科技。

90 年代中期德国环境保护进入一个新的阶段，环境保护和可持续发展被确立为国家目标，本着对后代负责的精神，国家保护自然生存基本条件，并确定了 21 世纪德国环境保护发展纲要，1997 年德国向联合国可持续发展特别会议提交的《走向可持续发展的德国》和《德国可持续发展委员会报告》两个文件，阐明德国贯彻 21 世纪议程和可持续发展战略的具体步骤。《1998 年环境保护报告》也明确了国家级的环境保护规划，提出建立"生态社会市场经济"。1998 年联邦政府换届后，贯彻可持续发展纲要被提到政府议事日程上，成为政府经济发展政策的前提之一。在此期间，联邦政府推出了相应的环境保护政策。

德国《1998 年环境保护报告》、《走向可持续发展的德国》和《德国可持续发展委员会报告》3 个文件，确定了德国 21 世纪环境保护纲要的总体框架。在这之前，联邦环境部在 1996 年 6 月提出的"关于可持续发展行动目标"报告，规定以下 6 个方面为德国环境保护优先领域：保护大气和臭氧层、保护德国生态平衡、减少对资源的负面影响、保证人的身体健康、发展环境可承受的交通和大力宣传环境理论。在落实可持续发展规划方面，德国强调"有限目标，重点落实"，如每年通过"环境保护报告"，通报上一年环境保护措施具体实施情况和各项环境保护指数达标的状况，规定和完善下一年的环境保护目标。为贯彻联合国环境保护和可持续发展战略，德国也提出生态环境保护具体指标。

1999 年，联邦德国环境部颁布了为进一步实施可持续发展战略的新的环境保护政策，这个政策的主要目标是协调经济与生态的发展，并达到一种生态化的社会市场经济。为此，各种环境政策的实施手段被运用到环境保护的各个领域，这些实施手段包括：环境法律与规划手段、环境条例手段、经济手段、志愿协议以及生态审核。

德国环境保护规划包括单项规划和总体规划。单项规划主要是针对某种特殊的发展目标，如废弃物处理系统规划、运载车道路建设规划、空气质量和废弃物管理规划。总体规划是指对某一指定区域的环境保护总体管理规划。

（5）加拿大环境保护规划发展概况

加拿大政府高度重视自然资源的合理、高效的开发利用，使生态环境得到很好的保护。1990 年，加拿大政府制定了《加拿大绿色规划》。这是一个使加拿大成为经济繁荣和环境健康的最重要的环境行动规划。

《加拿大绿色规划》包括 6 项区域性行动规划和 5 项专项行动规划，其目的是：保证居民持续地拥有清洁的空气、水和土地；使可更新资源能够得到持续利用；保护野生动植物的健康、生存和发展，建立珍稀野生动植物的自然保护区和它们的历史遗迹保护区；将环境突发事件的影响降到最小等。该规划承诺，到 2000 年将国土的 12%作为保护区，为实现这一目标，联邦政府将每年的环保拨款从 13 亿加元增加至 43 亿加元。

在环境决策方面，绿色规划也提出了相应的措施，强调进行广泛的国际合作。提供及时的、可靠的环境、社会等方面的详细资料，以便政府正确地决策。其中包括提供必要的环境报告书、环境指标等，将于 1994 年建立国家环境报告机构，统一管理环境信息网。加强环境保护方面的各级教育，使加拿大每一位公民具备较高的环境意识、技能及其他与环境保护有关的知识。加强环境科学技术的研究，增加投资，提出 5 年环境行动规划，建立有效的立法网络，制订必要的法规、标准。

为了使环境保护战略能够顺利实施，加拿大政府首先致力于环境保护法律体系的建设，力图将环境保护纳入法制化轨道。加拿大的环境保护法律法规涉及诸多方面。其中较重要的有：环境评价、污染物控制与排放、杀虫剂使用、水污染防治、空气污染防治、鱼类、迁徙鸟类、濒危物种及其栖息地保护、公共健康保护、危险品运输及泄漏应急反应、废品管理、公路管理和文物保护等。

2.2　国外环境保护规划存在的问题

由于世界各国政治、经济、社会情况不同，所以制定的环境规划也有所不同。发达国家的环境保护规划历经近半个世纪的发展和完善，在环境保护规划方面积累了丰富的经验，值得我们借鉴。但是，发达国家的环境保护规划并非完美无缺，我们也应该清醒地看到发达国家的环境保护规划也存在一定问题。

2.2.1　环境保护规划与经济发展规划协调不够

发达国家的环境保护规划主要是依靠环境法规和经济杠杆作用来解决环境问题，由于受到经济发展的制约，环境保护规划与经济发展规划并不十分协调，环境保护规划不完全是协调型的规划，而是介于协调型和经济制约型之间。发达国家的国民经济和社会发展规划、城市总体规划中也并没有很好地和环境保护规划进行融合，其中国民经济和社会发展规划更多考虑的是经济的快速发展，城市总体规划中涉及环境保护内容偏少。

2.2.2　环境保护规划执行情况不够理想

国外一些国家采用自上而下或者上下结合的方法达到环境保护规划确定的

目标，但执行情况并不是十分理想。如美国的环境保护规划采用上下结合的方法实现环境保护规划目标。但由于美国环境保护局对各州和地方的环境主管部门没有上下级的领导关系，因此美国环境保护局以"联邦—伙伴关系"和各州合作协调，共同推进环境事务，这种体制使美国环境保护局缺乏对州政府和地方政府的环境约束力，在地方保护主义的作用下，国家环境政策有时候得不到真正的贯彻实施。地方政府环境保护机构在人财物上依附于州政府，缺乏环境管理的独立性。

2.2.3　存在制约环境保护规划的编制和实施的因素

环境保护规划的编制和实施仍受一些因素的影响，主要表现在：一是发达国家目前比较重视全球的环境问题，如气候变暖、臭氧层破坏、生物多样性减少等，对区域环境保护规划，如城市区域环境规划的编制和实施的重视和关注程度较以前有所下降，在一定程度上阻碍了区域环境保护规划的理论研究和实施策略研究；二是发达国家的环境保护规划更多地取决于政客以及各级政府的政治意愿，例如美国从 19 世纪至今，克林顿政府相对其他各届政府更注重环境保护规划，更关心环境保护工作；三是国外的一些非政府环保组织（NGO）工作人员成员比较复杂，致使其在环境保护规划的编制和实施过程中起到的作用有限；四是发达国家的环境保护规划编制时间较长，如美国战略规划在编制过程中，需要咨询各州关注的问题、咨询各界意见、咨询参议院委员会意见、咨询州和国会意见，导致环境保护规划的编制效率较低。

2.3　国外环境保护规划借鉴

发达国家的环境保护规划制度相对完善，虽然我国与发达国家在法律保障、规划实施、评估机制、公众参与等方面存在差异，但是可以借鉴发达国家环境保护规划的经验为我所用。

2.3.1　美国的经验

我国与美国的环境保护规划的比较见表 2-3，可从以下方面借鉴美国的先进经验，完善我国的环境保护规划制度。

表 2-3 我国与美国国家级环境保护规划的比较

项目	美 国	中 国
法律依据	《美国政府绩效和成果法》第三部分明确规定战略规划制定的具体要求	《环境保护法》虽然提出了要编制环境保护规划的要求，但如何编制及对规划所具有的法律效力没有做出规定
规划实施	美国环境保护局负责实施和落实，美国联邦与州之间的环境工作内容在双方协商后由法律协议规定下来，避免了大部分的权责交叉	环保部门会同相关部门实施，各级政府和环保主管部门自上而下分解落实，存在着权责不明晰的问题
评估机制	《美国政府绩效和成果法》，评估结果是政绩考核和财务预算的依据	除了国家级环境保护规划进行中期考核和终期考核外其他级别的环境保护规划的评估无统一规定
公众参与	《美国政府绩效和成果法》第三部分规定制定战略规划时，机构应向国会咨询，而且应当征求并考虑那些受此项计划影响或对计划感兴趣的人的观点和建议	无明确规定，公众参与缺乏实质性，是一种事后的、被动的、形式上的参与

（1）**法律保障**

美国的环境保护规划得到环境基本法和行政法的支持。《美国政府绩效和成果法》第三部分明确规定环境战略规划的制定要求，如环境战略规划应不少于 5 年，至少每 3 年更新或修订一次，对规范环境保护规划的制定并促使其有效实施起到了重要作用。

（2）**实施保障**

美国的环境保护规划由环境主管部门实施，如美国环境保护局负责战略规划的所有内容。因此规划的实施对象明确，有足够的动力推动规划落实。

美国制定了完善的规划环评机制，其环评制度成为世界各国效仿的重要内容，而评估机制是保证规划效力的重要保障。美国总统每年根据规划绩效评估结果考核美国环境保护局政绩，美国国会每年根据绩效评估结果审计核查美国环境保护局财务状况，并作为以后至少 3 年内批准美国环境保护局年度预算的依据。美国环境保护规划实施的评估机制对我国的环境保护规划实施具有借鉴性。

（3）**公众参与**

《美国政府绩效和成果法》第三部分规定制定战略规划时，机构应向国会咨询，而且应当征求并考虑那些受该项规划影响或对规划感兴趣的人的观点和建议。发达国家的环境保护公众参与实践证明，社会公众的环境保护意识水平和环境保护参与力度是环境保护规划能否有效开展的关键，这对我国环境保护规划制度的完善也具有一定的借鉴意义。

2.3.2　日本的经验

日本环境保护规划经历了"防治公害—保护环境—环境治理—构建循环型社会"的发展过程。而每一个阶段都有系统的法规作支撑，如公害防治规划有《公害对策基本法》作指导。在保护环境阶段日本开始调整产业结构，将资源密集型产业转向资本技术密集型产业，实行总量控制。制定的环境政策与产业政策有效地降低了污染量。在环境治理阶段，政府颁布了《环境基本法》和《节能循环法》，用"阳光规划"和"月光规划"来实施能源结构改变和节约能源，有效控制了污染，其规划理念上出现了重大变化，即以经济发展优先转为经济发展与环境保护兼顾。在构建循环型社会系统阶段，其所制定的规划理念又出现了重大变化，即由"资源—产品—废物处理"的开环经济型向"资源—产品—废物处理—再生资源"的闭环经济型转变。

日本的环境保护规划在环境保护理念和相应配套法规建设上都值得我国借鉴。

2.3.3　荷兰的经验

（1）环境保护规划体系构建

由于部门间缺乏合作以及各级环境保护规划纵向上缺乏协调，导致环境保护规划体系不健全，目标要求不同甚至相互冲突，直接影响了环境保护规划在环境保护工作中的作用。在荷兰由于 NEPP 的核心作用加强了部门间和纵向上的协调。荷兰环境保护规划是一个完整的体系，综合的环境政策规划相当于总体规划，加上涉及污水、废物等内容的要素规划，和具有行动指导意义的行动计划一起构成了一个有机的整体。对此，我国环境规划体系应当借鉴，并加以完善。

（2）规划主题内容的演变与经济社会发展的一致性

NEPP 的规划主题都是针对当前最紧急的环境问题制定，有利于将资源集中于备受关注的紧要环境问题上，迅速取得有效进展。历年规划目标和主题都随着社会经济、公众意识以及环境问题本身的发展及时进行调整。早期 NEPP 主要关注企业部门的责任，涉及减排、清除已存有毒污染物、开发环境友好生产过程和技术等；而到后期，污染排放不再是明显的核心问题，则集中于更加广泛的社会责任，如公众的过度消费行为、社会结构变化、环境健康和环境安全等，这对未来环境保护规划的关注方向具有指导意义。对中国而言，经济的快速发展带来了污染排放和公众过度消费等一系列复合的环境问题，环境保护规划中应注意二者的相互结合，多管齐下解决环境问题。

（3）权威的数据来源

对环境状况的评价建立在一系列的指标基础上，因此权威的数据来源是环境问题研究和规划的前提，科学系统的环境数据对环境评价和行动措施的制定至关重要。在很多国家，数据的可靠性都是环境政策决策者的一个巨大障碍，不可靠的数据使公众对环境科研和政府的信任度不断降低，进而阻碍了环境保护规划和政策的有效实施。

荷兰政府对此问题的解决方法是提升国家公共卫生与环境保护研究院（RIVM）的地位，使其发展成为一个独立的受人尊重的科学实体。该院提供作为决策基础的环境数据。政府、媒体、企业、公众和环境主义者均认可RIVM的报告，使得关于环境的社会辩论不再是问题到底有多严重、是否需要采取措施，而是如何采取最好的方法恢复环境。

（4）完善的保障体系

完善的保障体系是环境保护规划得以实施的基础。结合我国环境保护规划现状，荷兰环境保护规划的保障体系对我国在立法、实施保障、评估体制和公众参与各方面都有借鉴意义。应加快环境保护规划相关法律的制定和执行；改变政府部门命令控制执行的方式，充分调动各种力量促进规划的实施；建立完善的评估体系，对每一个规划的评估时间和评估内容做出详细规定，并进行及时有效的评估，以保证规划持续性和长效性；加强宣传教育、提高公众对环境问题的关注程度和参与热情，并在法律中对公众参与环境问题决策的权力进行明确规定。

2.3.4　其他发达国家的经验

（1）英国的经验

首先，英国提出的环境保护要发挥法律与经济两种手段，要与经济发展相协调。发展经济要重视环境保护，环境保护要依靠经济发展；制定环境政策和措施要以科学为依据，加强政府在环境保护工作中的"管理与服务"职能等观点，对我国开展环境保护规划具有一定的借鉴意义。

其次，英国所制定的"环境敏感区"、"守护田庄"、"有机农业生产"、"能源作物"等规划，对自然生态资源的保护发展了重大作用，我国在制定环境保护等规划时应予以借鉴。

（2）俄罗斯的经验

俄罗斯的环境保护规划主要是采用"环境目标纲要方法"，这种规划方法是立足于利用最少的自然资源产生最大的经济效益，从而使环境污染降低到最低，实现"资源—环境—经济"的统一，是从"资源节约角度"解决环境问题的一条新路。

俄罗斯采用资源综合利用和废物产生统计报表制度，是使资源合理开发利用与环境污染控制有序结合的有效办法，是根治和减少污染的重要措施。

（3）法国的经验

法国的环境保护规划一方面注意预防为主、注重环境安全，另一方面加强对自然地域的规划控制和管理。对自然区域的保护成为法国环境保护规划的中心内容。

（4）德国的经验

首先，德国的环境保护规划注重生态保护与市场经济的有机结合，提出的"生态社会市场经济"环境保护理念促进了环境保护产业和环境保护科技的发展。

其次，德国的环境保护规划体系完整，结构清晰，从总体规划到单项规划层次分明，协调统一。

（5）加拿大的经验

加拿大政府重视自然资源的合理高效开发利用，其规划理念上与俄罗斯接近。环境保护规划实施主要靠法律体系的建设，严格的法律手段是规划实施的根本。与美国一样，也实行环境影响评价制度。

第 3 章　环境保护规划与相关规划的比较

对当前我国规划体系中的几种主要规划进行比较，分析相互间差异，探寻彼此衔接、融合的有效路径，是环境保护总体规划得以展开的基础和前提。

3.1　环境保护规划与相关规划的发展历程比较

3.1.1　国家规划体系的发展

我国的规划体系从无到有逐步形成，经过长期调整、完善，现已形成了由国务院及国家发改委主导的"国民经济和社会发展规划"、"主体功能区规划"，国土资源部主导的"国土规划"、"土地利用总体规划"，住房和城乡建设部主导的"城乡规划"，环保部主导的"环境功能区划"等共同构成的国家规划体系。从纵向看可分为国家级、省级、市县级、乡镇级、社区（村）级；从横向看可分为各行业规划；从类别属性上可分为自然经济属性、空间管制属性、重大问题属性、独立专门属性；从规划层次上可分为战略规划、区域规划、总体规划、详细规划、专项规划、项目规划等。这些规划试图从不同层次和不同视角对经济发展、城市建设、国土资源管理、环境保护等实现引导与调控。在引领我国社会经济发展、实现资源有效配置及保护等方面发挥着重要的作用。

纵观我国规划体系的发展历程，不难发现，原本由国民经济发展计划所统领的综合性规划，已逐渐转变为以国民经济和社会发展规划作为战略统领，以主体功能区规划为基础，以国土规划、城乡规划、环境保护规划等和其他各行业规划为支撑，各级各类规划定位清晰、功能互补的国家规划体系。

在新中国成立后的 30 年间，国家是实施计划经济和推进工业化的主体，城市规划作为国民经济计划的延伸和具体化，是从属于经济计划、落实经济计划、指导城市建设的技术手段。计划经济体制下政治经济和意识形态的高度一体化，决定了社会结构的简单化和利益结构的单一性。国家作为公共利益的代表，通过高度集中的计划经济和行政手段实施着对经济社会生活的管理，整合着社会利益关系。在这一体制和功能定位下的城市规划不存在独立应对社会利益格局的问题，因而也不具备分配和调节社会利益的作用，但对城市的有序建设起到了重要作用。

到 20 世纪 80 年代初，随着改革开放的展开，众多城市开发区在各地兴起。与此同时，国家也意识到国土资源的有限性，尤其是耕地资源的宝贵。1986 年成立国家土地管理局，《土地管理法》首次颁布。土地利用总体规划成为调控土地资源的重要工具，它的产生对保护我国的耕地资源、保障经济发展和保护生态环境方面发挥了重要的作用。

在关注城市规划、国土规划的同时，受环境污染等问题的困扰，面对可持续发展这一全球共同目标理念，1988 年国务院决定把 1982 年成立的国家环境保护局从城乡建设环境保护部中独立出来，成为国务院直属机构。1998 年国家环境保护局升格为国家环境保护总局（正部级）。2008 年，设立环境保护部，为国务院组成部门。环境保护得到了空前重视，环境保护规划随着机构的变化越来越受到各级政府的重视。

自改革开放以来由国家和政府主导的市场化改革和市场经济体制的建立，深刻影响了社会、政治、经济、文化等各个方面，并且制约着我国规划体系的演变和发展进程。应该说，我国规划体系的建立是经济社会发展与上层建筑逐步适应的产物。为了经济社会发展而设立的国家各部门也都首先制定行业规划，把规划作为管理的依据和行动纲领。用规划来引导发展，控制盲目发展。如今，国家规划体系正在逐步完善，而众多规划的统筹、衔接以及自我完善将是当前和今后相当一段时间所要面临的重要任务（图 3-1）。

3.1.2　国民经济和社会发展规划的产生与发展

国民经济和社会发展规划是全国或者某一地区经济、社会发展的总体纲要，是具有战略意义的指导性文件。国民经济和社会发展规划统筹安排和指导全国或某一地区的社会、经济、文化建设工作，由于涉及经济和社会发展的总体目标，被赋予空前的战略地位和高度，使其成为统领各项规划的依据。

国家第一个"五年计划（1953—1957）"和第二个"五年计划（1958—1962）"是在周恩来亲自主持下编制的，1963—1965 年国家实行 3 年国民经济调整，从第三个"五年计划（1966—1970）"以后都是整 5 年编制一个，到目前我国共编制了 12 个"五年计划"，组织编制部门都是国家发展和改革委员会（国家计划委员会）。从"十一五"起，国家将"五年计划"改为"五年规划"。从计划到规划，一字之差，充分反映出我国经济体制、发展理念、政府职能等方面的重大变革。体现了

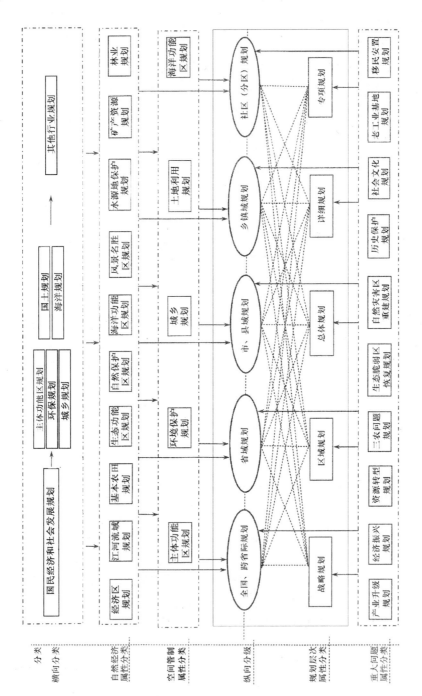

图 3-1 中国的规划体系

从作为组织整个社会经济活动的运行机制向作为政府促进社会经济持续协调发展的手段转变；体现了更加注重以人为本、促进全面、协调、可持续发展思想；体现了更加注重政府履行职责的领域和市场调节的领域互补。"五年规划"的指导思想是"发展才是硬道理"，是规划区发展的"主动规划"，是协调政府各部门、社会各单位以及规划区内各单元利益的综合性规划。规划由各级政府组织编制，发展和改革委员会（计划委员会）负责具体编制工作。当然，规划区发展的关键是产业发展，所以规划侧重产业发展，围绕产业发展寻求经济、社会、资源环境等方面的协调发展，规划的"弹性"较大。规划的内容一般包括规划背景判断、规划目标、产业重点、空间布局、公共设施、基础设施、资源环境等多项内容。从规划编制趋势看，"五年规划"在强化原有的产业总量、结构、速度和效益等关键指标的前提下，更关注规划的综合协调性、空间约束性、规划可操作性，并把各部门各行业发展规划作为规划的子规划，构建不同行政层级的规划体系。

3.1.3　土地利用规划的产生与发展

（1）我国的土地利用规划起步

土地利用规划是 1950 年全面学习前苏联时引进的，在我国真正起步于 20 世纪 80 年代。1986 年 6 月 25 日《土地管理法》颁布实施，1988 年第一次全国范围内开展了土地利用总体规划，1991 年和 1994 年国家土地局相继发布了《土地利用总体规划编制审批暂行办法》和《县级土地利用总体规划编制规程（试行）》，1996 年又开始了第二次全国范围内的土地利用总体规划，1998 年 12 月 24 日国家发布了《土地管理法实施条例》，2004 年 8 月 28 日《土地管理法》第二次修正，2005 年国家开始第三次土地利用总体规划修编工作，2009 年国土资源部出台了《土地利用总体规划编制审查办法》。《土地管理法》保证了土地利用总体规划的权威性和法律地位，《土地管理法实施条例》和《土地利用总体规划编制审查办法》保障了规划编制的规范性。

土地利用总体规划是在一定区域内，根据国家社会经济可持续发展的要求和当地自然、经济、社会条件，对土地开发、利用、治理、保护在空间上、时间上所作的总体安排和布局，是国家实行土地用途管制的基础。其最主要的内容之一就是确定土地利用指标（耕地保护、建设用地、耕地占用量、土地整理和开垦等指标），并相应地向下级行政单元分解和分配。

（2）我国的土地利用总体规划

我国的土地利用总体规划至今已编制三轮。目前，土地规划已成为国家最重要的宏观调控手段之一，土地利用总体规划也是我国空间规划体系中的重要组成部分。就其发展历程来看可分为以下 4 个阶段。

①探索阶段（20 世纪 50 年代—1986 年）

早在 20 世纪 50 年代，我国就开展了以东北、新疆、海南等垦区建设为重点的土地利用规划。到 60 年代，编制了以耕作制度、改土增肥、灌溉和流域开发治理为重点内容的土地利用规划。这一时期的土地利用规划基本上是参照苏联的土地利用规划设计理论与方法，是以编制农业的土地利用规划为主，重点解决局部地区的土地利用问题。

②以保护耕地、保障建设用地为核心的第一轮土地利用总体规划（1986—1996 年）

第一轮全国性的土地利用总体规划是在国家全面推进经济体制改革、《土地管理法》首次正式颁布的前提下进行的。依据中共中央、国务院《关于加强土地统一管理工作，制止乱占耕地的通知》，按照我国实现社会主义现代化建设第二步战略目标以及《国民经济和社会发展十年规划和第八个五年计划纲要》的要求编写，具有社会主义有计划商品经济下的服务型土地利用规划的特点。此轮规划初步确定了土地利用总体规划的基本程序、主要内容和规划方法，建立了国家到地方 5 个级别的规划体系。但由于相关立法滞后，规划未能得以有效实施。尽管如此，首轮全国性土地利用总体规划的探索奠定了我国土地利用规划的基础。

③以耕地总量动态平衡为核心的第二轮土地利用总体规划（1996—2005 年）

第二轮全国性的土地利用总体规划是在贯彻落实中央《关于进一步加强土地管理切实保护耕地的通知》精神和新《土地管理法》，以及建立社会主义市场经济体制的背景下，为适应实现社会主义现代化建设第二步战略目标发展阶段的需求，按国民经济和社会发展"九五"计划和 2010 年远景目标的要求编制的，具有以耕地保护为主的特点，以实现耕地总量的动态平衡。这轮规划确定了指标加分区的土地利用模式、发布了土地利用总体规划编制的相关规程和土地利用总体规划审批办法等。但由于规划的基础工作和前期研究不足，以及规划实施期间，国家提出了加快城镇化步伐、实施区域发展战略等一系列重大举措，规划指标多被突破，对市场经济体制下的规划编制方法提出了挑战。

④以节约和集约用地为核心的第三轮土地利用规划修编（2005 年至今）

土地利用总体规划修编是在党的十六大提出全面建设小康社会奋斗目标背景下提出的。党的十六届三中全会确立了全面、协调、可持续的发展观，并提出了"五个统筹"的要求。这一系列新思想、新要求促进了第三轮全国土地利用总体规划的编制工作。此轮规划重点要求：切实加强规划修编前期的专题研究工作，建立包括约束性指标和预测性指标两类的土地利用总体规划指标体系，提高规划的科学性；开创政策导向的土地利用总体规划编制模式，适应现阶段国家宏观调控的需要；强调土地利用生态环境的保护和建设，体现可持续发展的思想；研究统筹区域原则下的区域土地利用政策，走向空间管制；探索土地利用总体规划的标准，增强规划的规范性；将地理信息系统技术全面应用于规划编制和管理之中，提高了规划技术水平。

3.1.4　城乡规划的产生与发展

中国的城乡规划是 2007 年新的《城乡规划法》颁布后才被正式提出，以前称为城市规划。

城市规划产生较早，从古代开始经历了封建社会一直到今天，城市建设和发展都伴随着规划的进步。许多著名的城市都有着城市规划先进的思想和设计理念。1949 年以后中国的城市规划基本上是沿用前苏联的规划理念并在中国城市建设的实践中逐步发展起来。概括来说，就是从计划经济下附属于国民经济发展计划（规划）中物质空间规划发展到社会主义市场经济下的物质空间与国民经济社会发展互动的规划。具体来说，规划经历了以下 5 个时期：新中国成立后的恢复重建期（1949—1966 年）、"文革"后的快速发展期（1977—1986 年）、改革开放后的不断创新期（1987—1996 年）、走向市场经济的调整变革期（1997—2004 年）、面向科学发展的更新转型期（2005 年至今）。

由于战争的破坏，1949 年以后开始了大规模的恢复生产和重建工作。城市规划的任务就是以生产和生活为中心，但在这一时期，还没有全国统一的规划思想作为指导，各地区都是结合当地的需要，开展修补式建设。随着建设工作的深入，规划的思想开始萌动。然而，随后而至的文化大革命使城市规划发展受到严重阻碍。

1976 年"文革"结束后，以经济建设为中心已成为时代的主旋律，城市建设提到了重要日程。1978 年，全国城市规划大会在北京召开，全国性的城市总体规划修编工作全面展开，城市规划迎来了一个快速发展时期。在这个时期，功能分区是城市规划常被引用的名词。同时一些新的规划理念和思想也在这一时期开始发展，并不断在各城市总体规划中得以显现。

1987—1996 年，是改革开放后具体实践的 10 年。这时期规划经历了改革开放后的新形势和发展的检验，经历了由计划经济向商品经济的过渡。这些思想和改革导向使城市发展出现了前所未有的动力，几乎全国所有城市都突破了原有总体规划的控制指标，城市规划已经严重不适应发展的需要。为此，国家提出了全面进行城市总体规划调整工作。由于 1978 年着手编制的规划有了实践的检验，因此，在这次全国性的规划调整中针对性、指导性更强，创新点不断出现。其中，城市规划区的概念、城市结构形态的描述、城市远景规划的提出、把城市由原规划的封闭体引向开放的综合体，把城市放到世界经济发展的大格局中去审视，并寻找自己城市的定位和发展目标等，这一系列创新性规划为城市规划的发展进步提供了范例。

1997—2004 年，我国逐步由计划经济转向社会主义市场经济，城市建设的资金投入发生根本性转变，以市场为导向的经济模式必然要求与之相适应的规划。房地产业的迅速发展，加之全国第一轮城市总体规划的期限已到，又一轮的规划编制即将开始。建设部提出了跨世纪城市总体规划的编制要求。在这一轮规划中充分体现了市场经济配置资源的特征。城市空间结构进行了前所未有的大调整，"大刀阔斧、开膛破腹、动筋动骨"式的大手笔不断出现，城市改造进入了一个新时期。

2004 年，中央提出科学发展观、构建"两型社会"的要求，这为新时期城市发展指明了方向。人口、资源、环境协调可持续发展已引起社会普遍关注，城市规划又迎来新的创新期。

3.1.5 环境保护规划的产生与发展

我国的环境保护规划是伴随着环境保护工作的发展而发展的，环境保护规划经历了从无到有、从简单到复杂、从局部进行到全面开展的发展历程，大体上可以按照全国环境保护会议分为 5 个阶段，不同阶段有着不同的特点。

（1）探索阶段

1973—1983 年为环境保护规划的探索阶段。1973 年召开的第一次全国环境保护会议上，提出了我国环保工作 32 字方针，其中前 8 个字为"全面规划，合理布局"，对环境保护规划工作提出了具体要求。国家提出的环保规划目标是"五年控制，十年解决"。但实践证明这个目标是不切实际的，表明了当时我们对环境保护规划的认识还很肤浅。20 世纪 70 年代开展的北京东南郊、沈阳市及图们江流域环境质量评价和污染防治途径研究为环境保护规划做了有益的探索。20 世纪 80 年代初，济南市环境保护规划和山西能源重化工基地综合经济规划中的环境保护专项规划是我国最早的区域环境保护规划。这两个规划分析了当地存在的环境问题，提出了治理措施。虽然规划以定性为主，范围也仅限于污染治理，但为我国的环境保护规划开了头。

（2）研究阶段

1983—1989 年为环境规划研究阶段。1983 年召开的第二次全国环境保护会议提出了制定经济建设、城乡建设和环境建设同步规划、同步实施、同步发展的"三同步"方针，表明我国对环境保护与经济建设、城乡建设之间关系的认识有了一个飞跃，对环境保护规划产生了深远影响。"七五"期间开展了国家科技攻关项目——大气环境和水环境容量研究，建立了我国自己的大气环境和水环境容量模型，并在鸭绿江、内江、湘江、深圳市、太原市、沈阳市的环境保护规划中得到应用，为环境保护规划从定性分析向定量确定的跨越创造了条件。国家环境管理信息系统的研究在应用计算机建立数据库、模型库、模拟污染过程等方面取得了经验，推动了计算机在环境保护规划中的应用。在科技进步的带动下，水利部和国家环境保护局联合开展了七大流域水污染防治规划，为水环境保护规划积累了经验。1984 年全国环境管理学、经济学、法学学会在太原市召开了全国城市环境规划研讨会，推进了经济、管理、法学与环境保护规划的结合，对环境保护规划也起到了推动作用。"全国 2000 年环境预测与对策研究"项目，以"三同步"方针为指导，从宏观经济发展目标出发，预测 2000 年可能发生的环境问题，并提出了环境目标和对策建议，为国家和地区编制"七五"、"八五"环境保护计划提供了依据。在规划中开始应用计量经济模型、投入产出模型、系统动力学模型，并开展了环境污染和生态破坏经济损失估算的研究，为我国污染物排放的总量控制和环境经济损失计量打下了基础。

（3）发展阶段

1989—1996 年为环境保护规划的发展阶段。1989 年召开的第三次全国环境保护会议进一步明确了环境与经济协调发展的指导思想。1992 年联合国环境与发展大会积极倡导可持续发展战略，会后我国率先编制并颁布了《中国 21 世纪议程》等重要文件，明确宣布"走可持续发展之路是我国未来和 21 世纪发展的自身需要和必然选择"。环境保护规划的指导思想上升到可持续发展的高度，技术路线从末端控制转向优化产业结构，生产合理布局，发展清洁生产和污染治理的全过程。1993 年国家环境保护局发文要求各城市编制城市环境综合整治规划，并下发了《城市环境综合整治规划编制技术大纲》，组织编制了《环境规划指南》。在这种情况下，我国广泛开展了环境保护规划的编制工作，如秦皇岛市、广州市、南昌市、马鞍山市、济南市环境保护规划及湄洲湾环境保护规划、通化市环境综合整治规划、桂林市大气环境保护规划、澜沧江流域生态环境保护规划等。在这一时期，环境规划方法的研究也得到了发展，如北京大学在湄洲湾环境保护规划研究中，应用了环境承载力的方法解决了合理布局问题。清华大学在济南市环境保护规划中，应用冲突论解决了污染负荷公平分配问题。广州市环科所、北京大学、清华大学、云南省环科所在环境保护规划中，都应用了地理信息系统，使环境保护规划的空间分布可视性大为提高。

（4）深化阶段

1996—2002 年为环境保护规划的深化阶段。1996 年国务院召开了第四次全国环境保护会议，颁发了《关于环境保护若干问题的决定》，批准了《国家环境保护

"九五"计划和 2010 年远景目标》。国家开始实施污染物排放总量控制和跨世纪绿色工程，确定了"三河"（淮河、海河、辽河）、"三湖"（太湖、巢湖、滇池）、"两区"（酸雨和二氧化硫控制区）为污染治理重点。因此，各级政府对环境保护规划都十分重视，要求环境保护规划的制定必须具体落实到项目，大大提高了规划的可操作性，并大力推进了环境保护规划的实施，使环境保护规划真正成为环境决策和管理的重要手段，成为环境保护工作的主线。

（5）全面铺开阶段

从 2002 年开始进入环境保护规划全面铺开阶段。2002 年 1 月 9 日召开的第五次全国环境保护会议提出：要明确重点任务，加大工作力度，有效控制污染物的排放总量，大力推进重点地区的环境综合整治。凡是新建和技改项目，都要坚持环境影响评价制度，不折不扣地执行国务院关于建设项目必须实行环境保护污染治理设施与主体工程"三同时"的规定。要注意保护好城市和农村的饮用水水源。绝不允许再发生工厂污染江河、水库的事情。要切实搞好生态环境保护和建设，特别是加强以京津风沙源和水源为重点的治理和保护，建设环京津生态圈。要抓住当前有利时机，进一步扩大退耕还林规模，推进休牧还草，加快宜林荒山荒地造林步伐。环境保护规划已经涉及从城市到乡村、从工业到农业、从资源到生态的各个方面。

在 2006 年 4 月 19 日召开的第六次全国环境保护会议上，提出了环境保护发展的"十一五"规划目标，"十一五"时期环境保护的主要目标是：到 2010 年，在保持国民经济平稳增长的同时，使重点地区和城市的环境质量得到改善，生态环境恶化趋势基本遏制。单位国内生产总值能源消耗比"十五"末期降低 20%左右；主要污染物排放总量减少 10%；森林覆盖率由 18.2%提高到 20%。

2011 年国务院召开了第七次全国环境保护大会，会议下发了国家环境保护"十二五"规划，规划中提出"依法对重点流域、区域开发和行业发展规划以及建设项目开展环境影响评价"，"对环境保护重点城市的城市总体规划进行环境影响评估，探索编制城市环境保护总体规划"。这是国家层面第一次提出环境保护总体规划概念。

随着社会经济的发展、环境保护工作的深入以及环境问题的日益突出，作为社会经济环境协调发展的重要工具，环境保护规划与其他规划相比出现了一些不适应和弊端，因此必须与时俱进，不断完善环境保护规划理论，推动其不断向前发展。

3.1.6 相关规划的发展比较

从以上典型规划发展历程看，国民经济发展规划从 1953 年开始每 5 年编制实施一个，其编制级格最高。纵向上从国家到地方都编制规划，从横向上各部门都编制，并纳入国民经济规划中，成为子规划。编制方法模式全国基本统一，规划系统性强，规划由各级人大批准实施。

土地利用总体规划从 1986 年开始，共编制完成三轮。其编制级格高，纵向上从国家到地方都组织编制。各级政府主导、国土部门主管，规划由上一级政府（或国务院）批准，编制方法全国统一。规划系统性强，各级规划衔接较好，规划期限一般为 10～20 年。

城乡总体规划，起步较早。1978 年以前都是地方事务，全国没有统一的规定。从 1978 年开始实行城市规划标准，统一管理，规划的编制都由各级政府组织，建设规划部门牵头，只对政府管辖区域进行建设规划。规划由同级人大审议，经上一级政府（或国务院）批准实施。规划系统性强，各层级规划衔接好，规划期限一般为 20 年。到目前为止，国家管理的总体规划已经编制实施了二轮，第三轮总体规划正在编制中。规划经历了由分散的地方事务到国家分级统一，由以计划经济方式的城市规划理念到以市场经济的城市规划理念的转变。

环境保护规划从 1973 年开始起步，尽管 1993 年由国家环境保护部门出台了《城市环境综合整治规划编制技术大纲》和《环境规划指南》，但由于规划编制由各地方环境保护部门组织编制，同级政府批准，上级政府和环境保护部门不做审批，故这些标准执行得不好，特别在实施中重要性不够突出，规划本身横向、纵向都很少有直接对应关系，使得规划系统性基本缺失。规划期限一般没有统一要求，只有跟随国民经济社会发展规划做相应的子规划的 5 年规划。

通过比较不难发现，我国的规划体系正在逐步完善。各规划都朝着更加综合性、弹性（灵活性）的方向发展。国民经济和社会发展规划作为国家和地方的发展战略，强调主体功能区划分，其空间性特征已经显现，实现了经济和社会发展规划与城乡和土地规划在空间上的有效衔接，为上下规划的整合协调创造了可能。土地利用规划从综合平衡向保护耕地转型；城乡规划从城市发展向区域协调发展转型；环境保护规划从单向治理向综合防治转型，并不断探索进入空间规划体系之中。此外，空间规划体系下的城乡规划、土地利用规划、环境保护规划，其相互交叉性内容不断增多，这也为未来的规划整合提供了机遇。

3.2　环境保护规划与相关规划的法规体系比较

所谓法规体系，是指国家或国家授权制定，具有制约和调节不同对象，具有不同等级效力和不同表现形式的若干法律、法规、规章、规范、标准、规范性文件等共同构成并能系统存在和运行的法规整体。一般认为，法规体系是由基本法（主干法）、配套法（辅助法或从属法）和相关法（单行法或技术条例）组成。其中基本法是核心，具有纲领性和原则性的特征。而由于基本法不可能对细节性内容做具体规定，或为重视强调基本法里边的重点内容，也可制定相应的配套法来阐明。相关法指对单一领域、单项内容确立的法规和领域以外，与本系统密切相关的法律和规范性文件。

3.2.1　土地管理法规体系

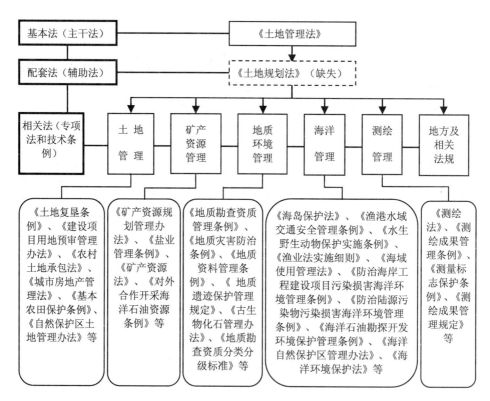

图 3-2　土地管理法规体系

中国土地立法体系是一个相对独立的体系，是土地规划编制、实施和管理等方面的法律规范，是遵循一定的规律和原则，相互联系、相互作用而组成的具有调整土地法律关系特定功能的有机整体。我国土地管理立法的速度还是比较快的，成效也很显著。但是从实践看，现有的法规还不能适应土地规划工作的需要，与土地利用规划的重要性仍有一定差距。具体来看，当前土地规划的法规还存在一些问题。

（1）尚缺少具有权威性地位的配套法——《土地规划法》

当前，我国已有的《土地管理法》中包含了土地利用规划条款，但从规划重要地位看，还不相适应。土地规划是土地资源管理的纲领，起"龙头"地位，其规划中确定的各种用地红线和总量指标是实施土地管理的抓手。而规划中各种用地红线、用地总量指标的制定和变更的程序却没有相应的法律法规来支撑和约束。因此，有必要从《土地管理法》中将土地规划分离出来，单独制定《土地规划法》，成为《土地管理法》的配套法。

（2）相关法或技术条例还需要进一步强化

目前编制的《土地利用总体规划》在规划内容、规划过程、规划标准和指标体系等方面缺乏相关法和技术条例规范等约束，因此，作为统筹城乡发展的重要平台，土地利用总体规划必须在相关法和技术条例等方面进一步强化和明确。

3.2.2　城乡建设管理法规体系

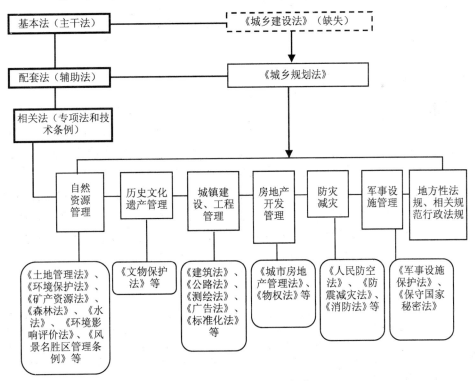

图 3-3　城乡规划法规体系

随着城乡建设的迅速发展，我国城乡建设管理的法制建设也不断进步，从无到有，从单一到配套，从零乱到系统，逐步发展，不断完善。自 2008 年 1 月 1 日《城乡规划法》正式施行，我国的城乡规划已形成以《城乡规划法》、《历史文化名城、名镇、名村保护条例》、《风景名胜区条例》、《村庄和集镇规划建设管理条例》为支撑的"一法三条例"的基本法规框架。虽然我国城乡建设管理的法规体系已经建立并逐步完善，但目前依然存在一些问题。

（1）缺少主干法控制

规划是建设的一部分，规划法应服从于主干法——《城乡建设法》的指导。但目前我国还没有《城乡建设法》，使得《城乡规划法》取代了主干法的地位。

（2）法律规定仍有不明确之处

目前《城乡规划法》仍存在不明确、不具体、不完善之处，在规划体制、规划体系、实施管理等方面还需要通过相关法加以完善和深化，以进一步贯彻、落实《城乡规划法》的立法精神。

（3）规划技术标准体系有待完善

我国现行城乡规划技术标准体系不能适应《城乡规划法》的要求，也存在覆盖面不全等问题。

3.2.3　环境保护法规体系

我国环境立法工作经过几十年的发展，已经制定了主要环境法律 26 部，其中基本法 1 部，单行法 25 部。[①]这些法规和一系列有关国际环境资源保护的国际条约、国际公约及有关国际性会议的协议等一起构成了我国环境保护法规体系。[②]但现行环境法律规范作用有限，环境立法带有明显的应急性特征。

我国现行的环境立法体系可以认为是基本法与相关法（单行法）相结合的模式，长期以来《中华人民共和国环境保护法》作为环境基本法，统领各具体环境单行法来解决所有涉及环境保护的问题。但这样的法律结构体系在现行的规划运作环境下产生了诸多问题，制约了我国的环境保护规划工作。

[①]主要包括《环境保护法》、《海洋环境保护法》、《水污染防治法》、《大气污染防治法》、《固体废物污染环境防治法》、《环境噪声污染防治法》、《放射性污染防治法》、《森林法》、《草原法》、《渔业法》、《矿产资源法》、《土地管理法》、《水法》、《防洪法》、《防震减灾法》、《野生动物保护法》、《水土保持法》、《电力法》、《煤炭法》、《气象法》、《防沙治沙法》、《节约能源法》、《可再生能源法》、《清洁生产促进法》、《环境影响评价法》、《循环经济促进法》。

[②]如《联合国人类环境宣言》、《关于环境与发展的里约宣言》、《保护臭氧层维也纳公约》、《关于消耗臭氧物质的蒙特利尔议定书》、《联合国气候变化框架公约》、《生物多样性公约》、《濒危物种国际贸易公约》、《控制危险废物越境转移及其处置的巴塞尔公约》等。

（1）基本法的功能相对落后

由于我国制定《环境保护法》时对环境保护科学的研究还不够成熟，所以很多内容在今天看来已经落后或者过时。该法的主要内容是关于污染防治的，而有关自然资源利用和生态保护的规定很少，未能认识环境保护与经济发展协调共进的重要性，属于问责式、制约性法规，这也为环境保护重治理轻建设的局面埋下了隐患。此外，法规没有认识到环境问题的广泛联系性，过于依赖环保部门，而忽视了相关部门（国土、城建、林业、海洋渔业等）的职能作用。《环境保护法》在环境保护领域的统领作用和地位不突出，对环境规划重视不够，基本法的功能相对落后。

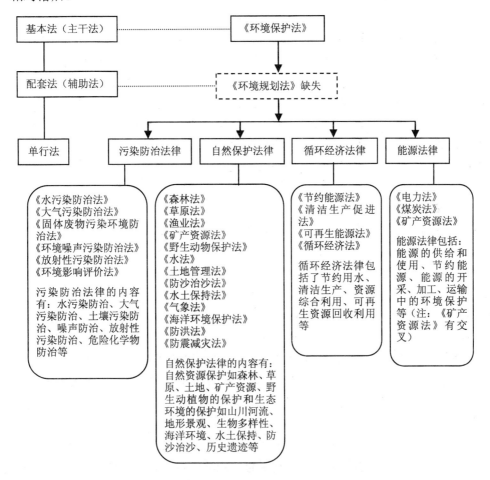

图 3-4　环境保护法规体系

（2）配套法（辅助法）缺失

现行的环境保护法规体系，在基本法与相关法（单行法）之间缺少配套法作为衔接。如省级、市级环境保护规划的实施没有明确的法律保障，规划编制的技术规范也欠缺。由此造成各专项规划（如大气、水、矿产资源、生态区等）没有统一的标准和规范来指导，只能依靠规划环境影响评价法来协调，环境保护难以从更高视点审视经济社会中的环境问题，更多的也只能是"头痛医头，脚痛医脚"。因此，应适时出台《环境规划法》。

（3）相关法之间存在矛盾和冲突

我国相关法律之间存在不协调、矛盾和冲突，例如《固体废物污染环境防治法》与《海洋环境保护法》；《水法》与《矿产资源法》等。

《固体废物污染环境防治法》第 2 条规定了固体废物污染海洋环境的防治不适用该法的规定，可是《海洋环境保护法》第 38 条却规定"在岸滩弃置、堆放和处理尾矿、矿渣、煤灰渣、垃圾和其他固体废物的，依照《固体废物污染环境防治法》的有关规定执行"，两部法律的上述规定产生了矛盾。又如《水法》规定了水资源包括地表水和地下水，而地下水又被《矿产资源法》列为矿产资源，这就造成不同的管理机关依据不同的法律对地下水分别行使管理权，导致出现按照《水法》收取水资源费，按照《矿产资源法》收取矿产资源补偿费的重复收费。

3.2.4　相关规划衔接的法规体系

在法治社会必须依法行政，有法可依。而迄今我国对空间规划系列的立法还很不完善，高层级的国土规划与区域规划尚无法可循，低层级的相关规划还存在诸多法规冲突。因而有必要尽快建立一个能包含整个空间规划系列的使各类空间规划相互衔接协调的空间规划法规体系。

当前，《城乡规划法》和《土地管理法》分别对城市总体规划和土地利用总体规划所具有的法律效力做出了明确规定，两部法律都要求城乡规划与土地利用规划相"衔接"，但都没有明确规定"衔接"的方式，以及争议解决程序。具体来看，《城乡规划法》第 5 条明确规定：城市总体规划、镇总体规划以及乡规划和村庄规划的编制，应当依据国民经济和社会发展规划，并与土地利用总体规划相衔接，但没有提出与环境保护规划的关系。《土地管理法》第 22 条规定：城市总体规划、村庄和集镇规划，应当与土地利用总体规划相衔接，城市总体规划、村庄和集镇规划中建设用地规模不得超过土地利用总体规划确定的城市和村庄、集镇建设用地规模。《环境保护法》与《城乡规划法》和《土地管理法》比较，在对环境保护规划的法律效力却没有做出规定，只在第 4 条规定：国家制定的环境保护规划必须纳入国民经济和社会发展计划，国家采取有利于环境保护的经济技术政策和措施，使环境保护工作同经济建设和社会发展相协调。而三大核心法对于彼此间关系并没有给出明确界定。又如《土地管理法》、《森林法》、《草原法》、《矿产资源法》、《水土保持法》都分别规定了土地征用和土地纠纷处理的条款，但是处理的机关和程序却各不相同。

随着各规划法律体系的健全，在相关法层面所涉及的交叉性法规不断增多，但彼此间尚未建立明确的法规关系结构。某些法律地位不足、功能滞后，致使其权属规划缺乏同步性。某些规划又因主干法或配套法的缺失，导致其缺乏协调性。这都在不同程度造成规划编制、实施和管理的矛盾。

3.3　环境保护规划与相关规划的实践性比较

在规划的编制、实施和管理实践过程中，由于众多规划在目标、思想、规划原则、工作重点与方式的不同，用地规模总量、空间布局等方面存在差异，进而导致规划分隔和相互不协调现象的存在。

3.3.1　相关规划要素关系

（1）规划目标

城乡规划是为了加强城乡规划管理，协调城乡空间布局，改善人居环境，促进城乡经济社会全面协调可持续发展；土地利用规划是为了加强土地管理，维护土地的社会主义公有制，保护、开发土地资源，合理利用土地，切实保护耕地，促进社会经济的可持续发展；环境保护规划是为保护和改善生活环境与生态环境，不断改善和保护人类赖以生存和发展的自然环境，合理开发和利用各种资源，防治污染和其他公害，保障人体健康，维护自然环境的生态平衡。

（2）指导思想

城乡规划强调前瞻性和未来需求，保障未来发展与空间拓展，注重城市内部空间结构的优化和外部扩张；土地利用规划强调现实性和当前实际，强调保护土地资源、耕地资源等；环境保护规划是使城市环境与经济社会协调可持续发展而对自身活动和环境所做的时间和空间的合理安排，强调现实性和前瞻性的结合，其目的在于调控人类自身活动，减少污染，防止资源被破坏，从而保护城乡居民生活和工作、经济和社会持续稳定发展所依赖的基础——生存环境。

（3）规划原则

制定和实施城乡规划，应当遵循城乡统筹、合理布局、节约土地、集约发展和先规划后建设的原则，改善生态环境，促进资源、能源节约和综合利用，保护耕地等自然资源和历史文化遗产，保持地方特色、民族特色和传统风貌，防止污染和其他公害，并符合区域人口发展、国防建设、防灾减灾和公共卫生、公共安全的需要。土地利用规划按照严格保护基本农田，控制非农业建设占用农用地，提高土地利用率，统筹安排各类、各区域用地，保护和改善生态环境，保障土地的可持续利用，占用耕地与开发复垦耕地相平衡的原则编制。环境保护规划则应遵循以生态理论和经济规律为依据，正确处理开发建设活动与环境保护的辩证关系，以经济建设为中心，以经济社会发展战略思想为指导的原则，合理开发利用资源的原则，环境目标的可行性原则，综合分析、整体优化的原则来制定。

（4）工作方法

城乡规划更加强调由远及近，较为注重于"终极蓝图式"规划再反馈至近期规划建设安排，具有"主动性"的特征。土地利用规划往往强调由近及远，具有"反规划"和"被动性"的基本特征和实际需求，而耕地18亿亩的底线指标，也凸显出土地规划的控制力。环境保护规划则更加强调规划的现实基础与长远利益的结合，具有"约束性"和"持续性"的特征，突出环境优先原则。

（5）工作重心

城乡规划的工作重心在于明确建设的时序、发展方向和空间布局，统筹土地开发与空间利用。土地利用规划则工作重点在于落实基本农田保护任务、耕地保有量任务分解以及各种地类结构的优化，关注于土地利用变更和流量、流向。环境保护规划的工作重点是对区域进行环境调查、监测、评价、区划以及因经济发展所引起的变化预测和战略性部署。

（6）规划范畴

城乡规划的工作范畴是城市规划区范围内。土地利用规划工作范畴是管辖区域内土地全覆盖。环境保护规划的工作任务范畴广阔，基本囊括了全域"立体空间"，涉及大气、土壤、水（包括地下水）、海洋、生产生活以及生态环境体系全部内容。

（7）规划属性

城乡规划更加讲究布局结构的合理和优化协调，讲求资源配置的有效利用和公共设施的设置均衡，注重统筹安排和系统综合，属于空间综合协调性规划。土地利用规划更加强调耕地保有、土地流向、资源保护和政策导向，属于空间专项控制性规划。环境规划则更加关注土地开发与利用过程中对环境的影响评价和标准制定，如大气、噪声、污染物（水、固体废弃物）排放等，属于空间综合控制性规划。

3.3.2　相关规划实施和管理

在当前的空间规划体系中，各规划大都以国民经济和社会发展规划为依据，相互联系又相互制约。但在编制、实施和管理等环节也各有侧重，差异较大。这些都是规划整合工作亟待解决的问题。

（1）各规划分属不同部门管理，作用地位存在较大差异

在行政管理上，城乡规划、土地利用规划、环境保护规划分属城乡建设部门、国土资源部门、环境保护部门管理。例如，现实中土地行政主管部门在未取得建设用地规划许可证的情况下，就为建设单位办理了土地使用权属证明，或未经城市规划主管部门同意，单方修改土地出让合同中的规划设计条件。也有的城市规划主管部门在未经审核环境影响评价报告书的前提下，就批复了规划建筑项目。这些都是空间规划管理操作过程中部门之间的矛盾。

在规划审批管理上，除《国家环境保护"十一五"规划》第一次由国务院印发，其他大部分环境保护规划都由当地环境保护主管部门组织编制，由同级人民政府审批后实施，而城市总体规划和土地利用总体规划是由当地人民政府组织编制，由上一级人民政府（或国务院）审批后实施。环境保护规划的地位明显低于城市总体规划和土地利用总体规划。

（2）各规划层级和编制规范不统一

现有的环境保护规划多为专项专题类规划，缺少中长期综合类总体层面的规划。而城市规划和土地利用规划既有专项规划，也有总体规划。与城市总体规划和土地利用总体规划比较，环境保护规划由于缺少总体层级规划，目标设定就缺少前瞻性和导向性，规划思路上仅局限于环境保护领域，难以协调和应对复合型、交叉型的环境问题。各规划的编制工作不同步、技术路线不相同，用地标准分类不统一，统计口径也不同。城市规划和土地利用规划编制都有国家颁布的规划编制办法来指导约束，环境保护规划在编制过程中缺乏依据和约束。

（3）各规划自身成熟程度不同

城乡规划吸取了国外先进的理论与方法，并结合我国的长期实践，其规划水平有了较大幅度的提高，规划编制已较为成熟，规划的科学性与可操作性也较强。相比之下，土地利用规划和环境保护规划的编制工作在 20 世纪 80 年代才刚刚起步，特别是环境保护规划没有相应的规划法律保障，发展步伐也较为缓慢，各类不同级别规划缺少系统整合，规划体系建设滞后。

（4）各规划在公众参与、监督评估等方面也参差不齐

城乡规划近年来已逐步加大公众参与的程度，但规划监督、实施后评估等环节很薄弱。土地利用规划与环境保护规划虽然注重监察与监测，但大部分规划仍缺乏实质性的公众参与，仅停留在规划公示或民意调查上，是一种事后的、被动的、形式上的参与。

就环境保护规划而言，存在如下问题：

第一，评估机制不完善。2007 年国家发展和改革委员会发布了《国家级专项规划管理暂行办法》，其中第二十一条要求："国家级专项规划实施过程中，编制部门要加强跟踪监测，应适时对实施情况进行评估，并向审批机关提交评估报告。"根据以上规定，国务院《关于印发国家环境保护"十一五"规划的通知》（国发[2007]37 号）中要求："要建立评估考核机制，在 2008 年底和 2010 年底，分别对《规划》执行情况进行中期评估和终期考核。"这是我国第一次以国发文的形式发布的对国家级环境保护规划进行跟踪评价的规定，其他级别的环境保护规划的评估尚没有明确的统一规定。环境保护规划具有强烈的时空动态性，而我国大部分环境保护规划一经确定就不再发生变动，即使经济社会发展发生变化或出现新的重大环境问题，也未及时做出修改或调整，难以实现规划目标的动态管理。环境保护规划的反馈和评估机制的缺失，使得规划实施缺少压力，导致规划执行率降低。

第二，规划监督薄弱。环境保护规划的监督比较薄弱，环境保护主管部门既是主要的实施部门，又是问责的主体，没有配套的、规范的实施环境保护规划的管理制度，在对规划的实施情况进行检查、监督、行政问责和惩罚等方面没有建立起相应的管理制度。各级政府和环境保护部门作为规划实施的主体，必然受到上级政府或部门、其他有关部门和群众的监督。但是，上级政府更多的是采取一种流于形式的检查、抽查与视察方式，而无法对执行主体进行全过程监督。此外，上级对下级的评估考核是当前政府监督的主要手段，这对地方管理部门在一定程度上就形成了规划实施就是考核，为了考核而考核，并最终导致部分机构做假数据来应对考核的被动局面，为考核而荒于实务的情况也时有发生。同时，由于存在各种业务关系，在缺乏独立法定机构或第三方机构有效监督的情况下，部门内上下级的监督以及部门间的相互监督又往往会流于形式，缺乏实际效果。群众则主要是根据自身感受的规划实施的公平与否来决定是否采取行动，是一种典型的被动监督，且渠道不畅，收效甚微。此外，从规划实施的保障体系看，目前规划实施的人才建设、资金投入均相当欠缺，无法支撑和满足规划实施的需求。

第三，公众参与机制缺乏实质性。《环境保护法》中对环境保护规划没有关于"公众参与"的规定。仅有少部分环境保护规划在制定过程中安排了公众参与环节，也取得了良好的效果。如 2005 年中华环保联合会在全国首次组织了面向公众征集"十一五"环境保护规划意见和建议活动，全国及海外华人共 420 万人参与其中，形成了《中国公众对编制国家"十一五"环境保护规划意见建议书》，归纳了 9 个方面 21 条约 6 万字的综合建议，并呈送原国家环境保护总局、国务院，部分建议被"十一五"环境保护规划采纳。但大部分环境保护规划缺乏实质性的公众参与，仅停留在规划公示或民意调查上，只是一种事后的、被动的、形式上的参与。

3.3.3　相关规划理论技术方法

在规划理论体系和技术方法体系中，各相关规划都有比较成熟的理论和方法，城市规划理论和技术方法系统性强，基础雄厚，从战略层面到微观层面、从核心到边缘，涵盖了政治经济社会各领域。土地规划和环境保护规划尽管起步晚，但理论和技术方法研究发展很快，随着资源环境协调可持续理论的提出，环境保护理论和方法研究越来越多，这将有力推动环境保护规划进入更高层次，为经济社会协调可持续发展发挥重要作用。当前与相关规划比较来看，环境保护规划理论和技术方法研究还存在如下不足：

第一，理论体系的研究较少。环境保护规划技术方法研究是环境保护规划研究领域最活跃的部分，但对于理论体系的研究较少。目前虽然有不少专家从不同领域提出不同的理论，但缺乏统一的理论框架，各种环境保护规划的理论与相关规划理论之间、方法与方法之间、理论与方法之间的衔接性与兼容性不够，缺乏对环境保护规划全过程的认知、分析和解释。现有以污染治理为主要特征的规划理论，在解决高度复杂而多变的区域环境问题上，显得不够全面。

第二，环境保护规划理论内部的系统化不足。对相关学科理论与成果的借鉴与吸收过程，常常是针对具体的实践问题，而对环境保护规划理论内部的系统化则显得不足。另外这种借鉴与吸收过程也往往忽视引进理论对环境保护规划的适应程度，没有通过有效的转化和提炼，形成环境保护规划自身的理论和方法。

第三，规划方法未成体系。人类社会经济活动范围的扩展，使环境保护规划的实践领域更加广泛而且复杂，因此对规划方法也提出了更高的要求。但现有方法过多，缺少统一系统的归纳整理，没有建立起符合实际需要的环境保护规划的方法体系。

第四，决策支持系统的研制工作薄弱。基于 GIS 的规划决策支持系统对于环境保护规划资料库的建立，各类数据的分析、表征和管理在环境规划领域具有明显的优越性。目前，我国已建立了省级环境决策支持系统，但其实用程度有待加强，环境统计的广度和深度都不尽如人意，制约了环境保护规划的发展。

而且决策系统也没有统一的标准，加大了选择的难度。

3.4 环境保护规划与相关规划的关系

3.4.1 与国民经济和社会发展规划的关系

国民经济和社会发展规划是在 5 年时间内经济和社会发展的总体安排，它规定了规划期经济和社会发展的总目标、总任务、总政策以及所要发展的重点、所要采取的战略部署和重大的政策与措施。防治环境污染、保持生态平衡，也是国民经济和社会发展规划中所涉及的重点内容之一。

环境保护规划是国民经济与社会发展规划体系的重要组成部分，是一个多层次、多时段的有关区域环境方面的专项规划的总称。因此，环境保护规划应与国民经济和社会发展规划同步编制，并纳入其中。环境保护规划目标应与国民经济和社会发展规划目标相互协调，并且是其中的重要目标之一。环境保护规划所确定的主要任务，如城市环境污染控制工程和环境建设工程等，都应纳入国民经济和社会发展规划，参与资金综合平衡，保证同步规划和同步实施。

环境保护规划对国民经济和社会发展规划起着重要的补充和反馈作用。环境保护规划的制定与实施是保障国民经济和社会发展规划目标得以实现的重要条件，同时也及时反馈环境基本情况，用于调整国民经济和社会发展规划目标方向。

环境保护规划与国民经济和社会发展规划关系最密切的有 4 个部分：一是人口与经济部分，如人口密度和素质、经济规模及生产技术水平等；二是生产力的布局和产业结构，它对环境有着根本性的影响和作用；三是因经济发展产生的污染，尤其是工业污染，这始终是环境保护的主要控制目标；四是国民经济给环境保护提供的资金，这是确定和实现环境保护目标的重要保证。

环境保护规划纳入国民经济和社会发展规划可以从环境的角度提出人口控制和经济发展的合理政策，促进生产力布局和产业结构合理化，并从预防为主的观念出发，变污染控制的末端治理为全过程控制，将污染控制与技术改造、设备更新、工艺改革以及提高生产效益结合起来，实现环境与经济协调发展。

3.4.2 与土地利用规划的关系

土地利用规划是对土地利用的构想和设计，它的任务在于根据国民经济和社会发展规划和因地制宜的原则，运用组织土地利用的专业知识，合理规划、利用全部的土地资源，以保障经济社会发展。

环境保护规划与土地利用规划既有交叉，又有区别，两者互为前提。一方面，前者是后者的补充，如一般用做对土地利用规划的环境影响评价等。另一方面，前者又是后者制定的前提，如在环境保护规划中制定环境保护总体目标，限定区域湿地、林地、生态保护区范围和各项环境指标及处理方法（大气、水、声、渣、排污口设置等），在此的控制指导下，再进行土地利用规划。

环境保护规划与土地利用规划的相互关联主要有 3 个方面：一是环境功能区的划分与土地利用方式的关联，如功能区环境质量的评价和预测与土地利用功能布局的结合；二是生态资源保护与土地资源保护的交叉，如生态保护与耕地数量限定、质量提升的重叠；三是环境管理与土地利用管理的交叉，如环境保护规划对大气、水、噪声、污染物、工业园区环境的控制与土地利用规划对土地开发指标的控制的交叉。

3.4.3 与城乡规划的关系

环境保护规划既是城乡规划的主要组成部分，又是城市建设中的独立规划，环境保护规划与城乡规划互为参照和基础。环境保护规划目标是城乡规划的目标之一，环境保护目标也要通过城乡规划去实现。由于城市是人与环境的矛盾最为突出和尖锐的区域，因而城乡规划中必须包括环境保护这一重要篇章。

城乡规划是为确定城市性质、规模、发展方向，通过合理利用城市土地，协调城市空间布局和各项建设，实现城市经济和社会发展目标而进行的综合部署。城乡规划侧重于在城市形态设计上落实经济、社会发展目标，环境的保护与建设是其中的重要内容。

环境保护规划与城乡规划的差异在于：环境保护规划主要从保护人的健康出发，以保持或创建清洁、优美、安静的适宜生存的环境为目标，是一种更深、更高层次上的经济和社会发展要求，并含有城乡规划所不包括的污染控制和污染治理设施建设和运行等内容。

城乡规划和环境保护规划的相互关联主要有 3 个方面：一是城市人口与经济；二是城市的生产力布局；三是城市的基础设施建设。城市人口和经济的规模和生产水平，决定了城市对环境保护的要求；经济实力决定了环境保护投资的可能规模。城市建设布局和产业结构，规定了环境保护规划功能区划类别以及污染控制对象。城市的基础设施，如供水、供电、供热、城市排泄物的流向与处理等，是环境保护规划的重要内容和主要实施措施。

环境保护规划的制定与实施可以促进城市建设的发展，保障城市功能的更好发挥，保护城市的特色和居民的健康，使城市建设走上健康发展的道路。

3.4.4　相关规划之间的相互关系

环境是经济和社会发展的基础和支撑条件，环境问题与经济和社会发展有着紧密的联系，因而环境保护规划与许多其他规划相容或相关。但是，环境保护规划又与这些规划有着明显的差异性，环境保护规划有自己独立的内容和体系。各规划按具体工作内容，可划分为本体内容（A、B、C）、交叉内容（D、E、F）和协调内容（G）。其中本体内容是基础，自主性最强；交叉内容居次；协同内容自主性最小，综合协作性要求最强（图3-5）。城乡规划与土地利用规划的交叉内容F包括：确定规划区范围、土地使用规模、开发强度，统筹安排城乡各项建设用地，保护土地资源、基本农田、矿产资源，控制非农业建设占用农用地等。城乡规划与环境保护规划的交叉内容D包括：确定城市水系和绿化系统及生态总体布局，水源地、自然生态区保护，指导产业布局，保证公共卫生，环境风险防范，排污控制，进行规划及建设环评等。土地利用规划与环境保护规划的交叉内容E包括：确定土地承载力，保护改善土壤环境、水环境等自然生态系统等。三者的协同内容G主要包括：评估城市容量，构建生态安全格局，保护改善

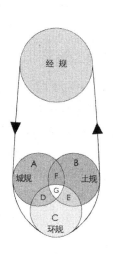

图3-5　环境保护规划与相关规划的关系
注：经规——国民经济和社会发展规划
　　城规——城乡规划
　　土规——土地利用规划
　　环规——环境保护规划

生态环境系统，保障土地可持续利用，共同参与确保自然生态资源的合理开发及利用。

3.5　相关规划的协调及整合

现代民主社会中，规划的多元化是一个趋势。因为规划意味着利益代言，只要存在不同部门的利益，就会有从不同角度出发的规划。但多规并存本身不

是问题，因为多元的规划编制也是提高规划质量的有效途径。而现实的问题是如何在强调包容性与多元化的过程中建立稳定的逻辑结构，使多规形成合力、达成共识。

首先，各规划之间的协调有其内在统一性。其本质都是研究以国土及城乡空间利用为核心的空间资源的有效配置，都是政府对空间发展意图的表达与政策指向，其宗旨都是对空间资源利用行为的引导与调控，避免矛盾和非积极的博弈。

其次，科学发展观为各规划协调奠定了良好的思想基础。坚持以人为本，实现经济发展与人口、资源、环境的全面、协调、可持续发展是科学发展观的内在要求。

再次，行政管理体制改革及相关法律、法规的完善，为各规划的协调提供了组织保障和法理基础。

由此可见，众多不同类型的规划从根本上是可以统一起来的。其相互间的协调机制主要包含以下 6 个方面：建立协同的目标方向；建立功能互补、作用明确的规划间关系；建立彼此呼应、公平正义的工作程序；建立共享互通的技术方法体系；建立衔接互认的主体内容框架；建立统一的基础数据、指标规范信息平台。具体环境保护规划与相关规划的协调机制和逻辑结构可参见图 3-6、图 3-7。

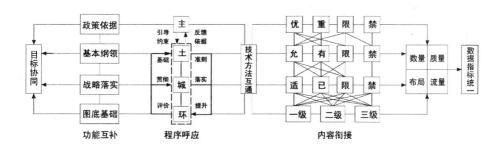

图 3-6 相关规划的协调机制

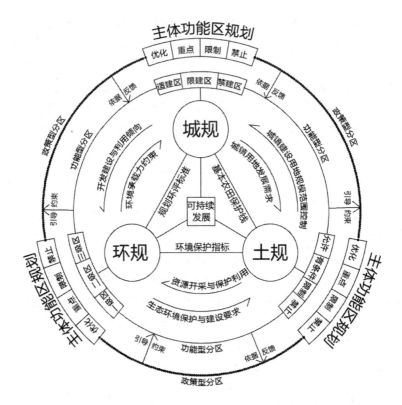

图 3-7   相关规划协调的逻辑结构

第4章　环境保护规划体系构建

环境保护规划能够反映一个时期环境保护工作的理念、方法和工作重点。我国环境保护规划的发展经历了从无到有、从简单到复杂、从局部实施到全面开展的发展历程。当前我国的环境保护工作进入了战略性、方向性的历史性转变新时期，对环境保护规划提出了更高层次的要求。为适应新形势和新变化，需要开拓创新地编制环境保护总体规划，从整体上、战略上和统筹规划上协调环境和经济社会协调发展的关系。我国现行的环境保护规划体系尚不完善，组织结构不甚明晰，要以环境保护总体规划确立为契机，构建环境保护规划框架体系，对环境保护规划在国家规划体系中进行合理的定位，揭示不同规划间的逻辑关系，为不同类型及不同层次的环境保护规划的衔接与协调提供依据。

4.1　环境保护规划体系的现状及存在的问题

4.1.1　发展现状

环境保护规划体系是指由不同级别、不同类型、不同时序和不同种类的环境保护规划所组成的相互联系的交错系统。环境保护规划体系建设是一项系统工程，是开展环境保护规划工作的基础和依据。

经过 30 多年的探索、发展与完善，我国环境保护规划体系渐成雏形。纵向看，环境保护规划体系基本依照我国的行政层级进行分级，包括国家级规划、省（自治区、直辖市）级规划、市县级规划三个层次；从横向看，我国的环境保护规划可分为污染控制规划和生态保护规划，其中污染控制规划又根据环境要素分类制定。生态保护规划分为生态建设规划、自然保护区规划和重点生态功能保护区规划等。

4.1.2　主要问题

与西方发达国家环境保护规划体系相比，我国开展现代意义上的环境保护规划的历史较短，环境保护规划体系还很不健全。与城市总体规划和土地利用总体规划相比，我国的环境保护规划体系建设也相对滞后。

（1）与其他领域相关规划体系的差距较大

城市规划有城镇体系规划、总体规划、专项规划、详细规划，这些规划构成完整的规划体系，相互间既有联系，又有补充，从大到小，从战略到具体，有利于规划的实施，在城乡建设中发挥着重要作用。

土地利用总体规划分为国家级的国土规划和地方级别的土地利用总体规划两种。规划体系比较简单，但国家制定原则，进行总量控制，地方级必须落实总量指标。省、市、县、乡的规划相互联系，逐级分解，有利于规划的实施，在土地管理中发挥着重要作用。

环境保护规划目前还没有形成体系，与相关规划联系不多，特别缺少总体层面规划，制约了环境保护规划体系的建立。

（2）环境保护规划各层次间缺乏有效衔接

在环境保护规划编制的协调体系中很少融入自上而下的国家与各级政府间的磋商环节，在时间上国家与地方环境保护规划也存在诸多不衔接的地方。由于环境保护规划内容交叉、分工不明确，导致落实到各级政府的规划种类较多，因此很难保障各项规划得到有效落实。不同层次、类型的环境保护规划间效力界定不清，缺乏相互之间的衔接与协调，国家与地方在规划目标和工作重点等方面存在一定的差异，国家考核的部分指标在各省规划中无直接对应的指标项，即使完成省内的环境保护规划指标，也难以保证国家规划目标的实现，体现不了国家环境保护规划的战略导向性。

因此，为了完善环境保护规划体系，实现从污染防治规划向基础型、空间型、经济导向型规划的转变，达到全域谋划环境保护工作的目的，需要建立一个从框架指导到具体建设的中长期环境保护规划体系。

4.2　环境保护规划体系建立

4.2.1　体系框架

为提高环境保护规划的科学性、权威性和可操作性，有必要确定一套合理、完整、科学的规划体系。借鉴城乡规划和土地利用规划体系建设的成功经验，初步设想了环境保护规划体系，该体系由"环境战略规划→环境保护总体规划→功能区划和规划环评→项目环评"4 个层次构成（图 4-1），其中前 3 个层次为战略性和控制性规划层面，第 4 个层次为修建性规划层面。各层次共同依据国家的法律法规及政策标准，使环境保护规划工作有效、系统地开展。

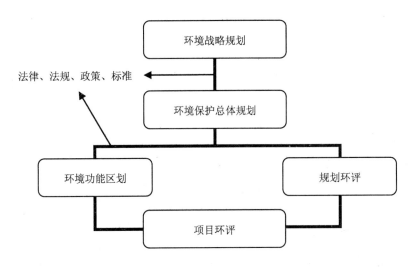

图 4-1　环境保护规划体系

第一层次：

环境战略规划——包括国家和省（自治区）的环境保护战略规划、5 年规划、区域环境规划、流域污染防治规划、跨省和区域的生态功能区划和环境功能区划等。

第二层次：

环境保护总体规划——市级层面编制的环境保护规划和近期规划，由专项规划和专题规划组成。

第三层次：

环境功能区划——包括大气、水、噪声、海洋等环境功能区划和自然保护区、饮用水水源保护区等生态功能区划。

规划环评——对环境保护部门以外的规划进行环境影响评价，包括城市规划环评、经济发展规划环评、经济区规划环评、港口规划环评等。

第四层次：

项目环评——对单个建设项目进行的环境影响评价。

作为一种行政审批依据，评估具体经济行为在时间和空间上产生的具体环境影响，并提出防治的对策。项目环评是环境保护战略规划、环境保护总体规划、功能区划与规划环评的具体实现手段。

在由"环境保护战略规划→环境保护总体规划→功能区划与规划环评→项目环评"构成的 4 级环境保护规划体系中，所有规划层级从上至下都是依据关系，不同规划具有各自的规划重点与功能。总体规划要依据和贯彻战略规划进行编制，功能区划要贯彻总体规划的思想，规划环评要依据总体规划、功能区划进行评价，所有规划、区划、环评都是项目环评的依据，项目环评则是建设项目环境行政许可的依据。

在上述体系中，各规划之间通过法律、法规、政策和标准进行着密切的沟通和联系，体系中以战略规划为总纲领，以总体规划为核心，各级规划之间存在着相互制约和相互补充，上级规划是下级规划的依据，而下级规划是保证上级规划得以实现的基础。其中总体规划属于核心型规划，要不断强化其地位。功能区划和规划环评则属于控制型和应用型兼容性规划，在更具体的区域和领域规划环境保护的发展方向。项目环评是实现以上各层级规划的具体行动和落脚点，是规划环评和功能区划的具体操作层面，是各级环境规划得以实施的保障。

4.2.2 体系内容及功能

（1）环境战略规划

环境战略规划一般由国家或省（自治区、直辖市）级环境主管部门组织编制，包括国家环境保护战略规划、5 年规划、区域环境规划和流域污染控制规划等，例如《国家环境保护"十二五"规划》、《全国生态功能区划》、《珠江三角洲环境保护规划》、《黄河中上游流域水污染防治规划》、《三峡库区及其上游水污染防治规划》、《松花江流域水污染防治规划》、《闽江流域水环境保护规划》等。环境战略规划是对规划区域或流域的社会、经济和生态环境发展进行长期的、综合的研究和论证，提出该区域或流域生态环境保护的宏观框架和引导战略，规划期限可长可短，也可以不设定时限。

环境战略规划实质是在流域或区域内，研究生态发展方向、污染空间布局、重大环保基础设施建设等重大问题的环境保护大纲。它关注的是宏观性、全局性、地区与地区之间需要协调的关键性重大问题，强调规划要在各区域、流域各自特殊性的基础上，因地制宜，扬长避短，反映出不同区域、流域的环境保护特色。战略规划的内容不要求广泛全面，而是要求重点突出，编制过程要遵守生态学规律，可以跨越行政界线，编制出多方向、多目标的多种方案，提供给高层决策者参考。

环境战略规划属于统领性的宏观规划，是下一级规划编制和实施的纲领，应不断强化其战略地位，其所提出的区域或流域生态环境保护宏观框架和引导战略，成为区域环境控制和空间布局的刚性依据，具有战略性、指导性和规定性作用。战略规划确定了宏观发展方向和目标之后，所有其他下一级规划都必须依据其确定基本的宏观导向。

（2）环境保护总体规划

总体规划属市级层面规划，对城市的环境保护起到总体控制作用。环境保护总体规划是指政府为了使当地环境与社会经济协调发展，根据自然、资源、社会经济条件和经济发展的要求，以保障辖区环境安全、维护生态系统健康为根本，依据生态规律和地学原理，对市域范围内各系统要素和结构所进行的有目的、有计划的空间战略安排。它是从一体化角度，研究区域的环境容量和生态总体布局形态等，制定出战略性的、能够指导与控制环境保护发展和建设的蓝图。总体规划是依据战略规划制定的，是进行环境管理的重要手段，具有整体性、综合性、长期性、指导性等特征，须在重大问题上与战略规划保持一致。总体规划侧重于提出发展布局、产业结构、环境质量、排污总量、环境建设与管理等指标，确定环境整治和保护的重点区域和重点项目，制定相应的环境保护政策。总体规划的编制时限一般为 15～20 年，其近期规划为 5 年。借鉴国内外规划体系构建经验，初步构建了环境保护总体规划体系，该体系由总体规划、专项规划和专题规划 3 个方面构成。

专项规划　专项规划是在总体规划目标控制下，对各类环境要素的各项控制指标和规划管理要求做出进一步规划安排，为专题规划和规划管理提供依据。按环境要素种类将专项规划划分为大气环境规划、水环境规划、声环境规划、固体废物处置规划、辐射污染控制规划、自然生态保护规划等。与过去的专项规划的不同点在于这些专项受控于总体目标，其方向性、统一性更为鲜明。

专题规划　专题规划针对污染控制、资源利用和环境管理等某一专门问题而进行的规划。其与专项规划的区别在于专项规划是环境要素规划，专题规划是要素以外的综合类规划，如环境容量预测、产业布局与结构调整、环境风险防范、环境能力建设、农村环境保护规划、污染物防治规划、污染物总量控制规划等。其中环境容量预测是指对规划区域内环境制约因素进行分析，并根据经济社会发展需求提出环境的可承载力和环境容量的可扩充空间。

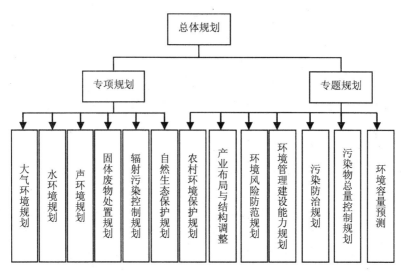

图 4-2　环境保护总体规划体系

专项规划和专题规划是指与总体规划密切相关且具有特殊专业内容与深度要求并可单独组织审批的规划。单独编制的专项和专题规划的内容要符合总体规划要求。

专项规划和专题规划各层级都可以编制，是根据一项环境要素和环境内容的控制治理目标而采取的行动纲领，专项规划和专题规划是总体规划的重要组成部分，对各类环境要素和环境专门问题的布局和规划管理要求做出进一步规划安排，为功能区划和规划环评提供依据。专项规划和专题规划属于实施型规划，重在定性和定量相结合，做到落实定位。

（3）功能区划与规划环评

①功能区划

功能区划一般由省或市级人民政府组织编制和审批。包括环境功能区划和生态功能区划。

环境功能区划　大气、水、噪声等环境功能区划是综合分析辖区内各环境单元的社会功能现状与发展趋势及其大气、水、噪声环境敏感度的分布情况与城市生态环境综合分区结果，确定各环境单元的主导功能，根据被保护对象对环境质量的要求，将环境空气、水、噪声质量功能区划分为几个类别。环境功能区划是科学确定和实施污染物排放总量控制的基本单元，是正确实施环境质量标准、进行环境评价的基础。

在制定区划时，不得降低现状使用功能。确因发展经济的需要要求降低现状功能时，应论证降低要求是否影响该区未来环境质量提高要求，并做降低现状使用功能必要性说明。为实现环境功能区保护目标，区划应与产业布局、工农业发展、城市建设、污染源管理等相结合，将区域点源与面污染源控制方案、区域污染物总量控制实施方案与环境功能区目标的可达性相结合，使环境功能区的划分与总体规划等相协调。划分方案应实用可行，有利于强化目标管理，解决实际问题，确保本行政区域内管理得力，相邻行政区监督有效。

生态功能区划　生态功能区划是根据自然资源状况和保护对象的分布情况，按其位置、范围及其功能和目的进行区域划分，并分别制定不同的保护措施和管理目标。生态功能区划基本上确定了该保护区的发展方向和管理架构，对于保护区的有效管理和发展起着至关重要的作用。

生态功能区划需要进行详尽而全面的本底调查和基础研究工作，彻底摸清保护区内各类自然资源的基本情况，提供准确有效的基础数据。在充分掌握保护区资源现状的基础上，对资源进行必要的分类，明确将资源界定为生物资源、土壤资源、地质资源、气候资源、水资源以及旅游资源等。然后，再根据每一类直至每一种资源的价值、作用、分布位置等确定其适用的保护层次和保护目的。在进行功能区划分的同时，应根据各功能区的保护内容制定科学合理的保护措施和管理目标，以此作为保护区的管理方针和管理依据。从而使保护区的保护管理工作目标明确、思路清晰、方法得当、措施有力，最高效地发挥功能作用，最有效地保护自然资源。

②规划环评

规划环评是指将环境因素置于重大宏观经济决策链的前端，通过对环境资源承载力的分析，对各类重大开发、生产力布局、资源配置等提出更为合理的战略安排，从而达到在开发建设活动源头预防环境问题的目的。一般是对新经济开发区的建设、老工业基地的改造、城市发展等开展的环境影响评价。规划环评是在区域生态环境现状研究的基础上，对规划实施后可能造成的环境影响进行识别、分析、预测和评价，并在此基础上提出预防和减轻不良环境影响的对策和措施，进行跟踪监测的一种方法和制度。它的涉及面和评价范围都较建设项目环境评价大，包括城市规划环评、经济发展规划环评、经济区规划环评、港口规划环评等。编制规划环评大体可分为 8 个阶段：区域开发建设规划和开发、改造项目分析阶段；开发区和周围地区环境状况调查评价阶段；确定评价区功能和环境保护目标阶段；区域开发环境影响预测阶段；环境保护综合对策阶段；公众参与阶段；环境保护投资能力分析阶段；区域环境管理和环境监测系统建设方案阶段。

规划环评在规划方案的形成阶段就参与其中，及早从生态环境保护和建设的角度出发，分析规划方案可能引发的积极和消极影响，从而进一步改善规划方案，从根本上、全局上、发展的源头上注重环境影响、控制污染、保护生态环境，及时采取措施，减少后患。用环境保护和经济发展"双赢"的眼光，正确选择工业结构、工业技术和排放标准，合理布置工业企业，组建工业生态园区，使很多的环境问题从源头得到根治。

功能区划与规划环评往往具有法规和图件体系支撑，从而将战略规划和总体规划的思想通过功能区划和规划环评的手段渗入到土地利用总体规划、城乡总体规划、经济发展规划等的编制和实施过程中，同时也指导下一级项目环评的具体编制。

（4）项目环评

项目环评是建设项目的环境影响评价和环境质量评价的一种行政审批依据。区域内的建设项目环评含于区域规划环评范围内，建设项目的主要污染物也必须控制在区域规划环评下达的指标内。项目环境影响评价是指对建设项目可能对环境造成的影响进行分析、预测估计，提出应对不利影响的措施和对策的评价过程。它包括项目地址的选择，生产工艺、生产管理、污染治理、施工期的环境保护等方面。项目的环境影响评价作为一项预测性和参考性的环境管理手段，在提高决策质量方面被广泛接受。

项目环境评价一般是对单个项目进行的环境影响评价，涉及面和评价范围都较小。项目环评工作大体可分为 3 个阶段：准备阶段、正式工作阶段、报告书编写阶段。项目环境影响评价是为了分析、预测污染因子对环境可能产生的污染以及污染程度，找出防治对策，使环境可以接受。

4.3　环境保护规划体系建立的法规支撑

4.3.1　法规基本情况

在战略规划和总体规划方面，现有的《环境保护法》中明确了县级以上人民政府环境保护主管部门应拟定环境保护规划，但未明确具体的规划类别、相互关系，战略规划和总体规划缺少法规支撑。

在功能区划方面，国家只颁布了《近岸海域环境功能区管理办法》，而大气、噪声等环境功能区划国家主要是以通知的形式来要求各级政府制定。例如环境保护部《关于印发 2009—2010 年全国污染防治工作要点的通知》（环办函[2009]247

号）要求："在 2010 年年底前，按照《声环境质量标准》完成全国城市环境噪声功能区划"。因此，功能区划法规还不够全面和正规。

在规划环评方面，2002 年国家颁布了《中华人民共和国环境影响评价法》，对规划的环境影响评价做出相关的法律规定，指出国务院有关部门、设区的市级以上地方人民政府及其有关部门，对其组织编制的土地利用的有关规划，区域、流域、海域的建设、开发利用规划，应当在规划编制过程中组织进行环境影响评价，编写该规划有关环境影响的篇章或者说明。国务院有关部门、设区的市级以上地方人民政府及其有关部门，对其组织编制的工业、农业、畜牧业、林业、能源的有关规划，应当在该专项规划草案上报审批前，组织进行环境影响评价，并向审批该专项规划的机关提出环境影响报告书。因此，规划环评有完整的法律支撑。

在项目环评方面，《中华人民共和国环境影响评价法》对其做出了相关法律规定，规定国家应根据建设项目对环境的影响程度，对建设项目的环境影响评价实行分类管理。规定了建设项目的环境影响报告书应当包括的内容，涉及水土保持的建设项目，还必须有经水行政主管部门审查同意的水土保持方案。环境影响报告表和环境影响登记表的内容和格式，由国务院环境保护行政主管部门制定，项目环评法律依据充分，两者的关系也已明确。

国务院于 2009 年 8 月 25 日发布了行政法规《规划环境影响评价条例》。《条例》规定将规划环评结论作为规划所包含建设项目环评的重要依据，建立了规划环评与项目环评的联动机制。从法律上确定了规划环评与项目环评的关系，使规划环评成为项目环评的依据。规划环评和项目环评的法律已经充分。

总体来看，目前环境保护规划体系内部存在着法律支撑问题，这不仅影响到环境保护规划本身的权威性和有效实施，而且也将成为环境保护规划法制化进程中的体制性障碍。从长远来看，整合各种规划，建立融合各类环境保护规划为一体的空间规划体系和法规支撑体系将是必然的发展趋势。

4.3.2　完善法规机制

（1）从宏观层面加强对环境保护规划的法律支撑

适时编制《环境规划法》，具体对环境规划的战略规划、总体规划等给出具体的法律界定，保障战略规划、总体规划等环境保护规划法律效力的全面发挥。立法的主要内容应该包括环境规划的法律效力、规划制定程序、审批程序、规划制定权、执行权、制定主体、公众的权利义务等，使得环境保护规划的公定力、确定力、拘束力和执行力得到法律保障，以实现环境保护规划制度运作过程的规范化、程序化和制度化。

（2）从操作层面落实环境保护总体规划的编制依据

在立法过程中，重在提高环境保护总体规划的法律地位。将总体规划纳入上一级人民政府审批，使其与城乡总体规划和土地利用总体规划的审批级别保持一致，提高环境保护规划在我国规划体系中的地位。环境保护总体规划纳入上一级人民政府审批，有利于与城乡总体规划、土地利用总体规划等其他规划的有效衔接，将规划范围覆盖到全区域，使规划目标和指标能够综合体现社会、经济、环境、生态等方面内容，与其他规划的指标相协调，不互相冲突，使规划目标和指标具有可操作性和前瞻性。在制定《环境规划法》比较困难的情况下，可以先修订《环境保护法》，加入环境保护规划相关内容。

在国家和省级环境保护战略规划的指导下，设区的市应编制环境保护总体规划。它是一种带有宏观与微观相结合，具有全域谋划、综合规划区域环境保护与生态建设的空间规划。环境保护总体规划应先或同时与城乡总体规划、土地利用总体规划制定和修编，作为控制和相互协调，实现有效衔接，在制订和修编的过程中注意信息的反馈，当环境保护规划与其他规划之间矛盾时，彼此应进行必要的调整和修订。

（3）规范与环境功能区划相关的法规体系

尽快颁布《大气环境功能区管理办法》、《地表水环境功能区管理办法》、《噪声环境功能区管理办法》等法规，另外还须完善生态功能区划的相关法律体系，确保科学合理划定环境生态功能区。同时，法律法规的制定过程中，要充分考虑功能区划与战略规划、总体规划的相互关系，做到规划间的协调统一。

（4）有效推进规划环评制度的实施

首先，应从立法角度规范规划环评的审批，通过完善各级人大的规划审批机构和审批程序，提高规划环评的作用，使环境影响评价成为规划决策的依据；并确保法律要求、各方面利益都体现到规划中，改善规划间协调性。其次，从立法角度对各部门权限进行划分，避免产生重复、矛盾的规划环境影响评价，这对规划环评能否有效实施起着关键的作用。此外，应颁布政策要求各部门、机构内部的法规和管理程序按照规划环评进行相应的调整，以促进规划环评的有效实施。

（5）协调各规划间的关系

制定《环境保护规划编制办法》，规范战略规划、总体规划、环境区划、规划环评、专项专题规划、项目环评等各级环境保护规划技术文件的内容和要求，绘制环境保护规划综合性图集，以保证环境保护规划编制的规范化、直观化，实现空间管制功能。

在《城乡规划法》、《土地规划法》(或《土地管理法》)、《环境规划法》(或《环境保护法》)等相关法律的修订过程中,逐步明确各部门间和部门内部的规划地位、作用及相互协调统一关系,特别是建立融合各类环境保护规划为一体的空间规划体系,使各规划有效衔接,保障各部门间和各部门内部规划的有效性。

通过立法形式明确环境保护规划各实施部门的职能定位,强化环境保护规划的作用,增加其可操作性,使制定、审批、实施和监督的部门职责明晰。规划实施由相关部门负责,明确其法定职权,依法行政。

(6)建立完善评估机制和行政问责制度

通过立法形式确定对各级环境保护总体规划进行评估,建立年度评估制度、跟踪评估制度、回顾评估制度。年度评估制度,即每年对规划的落实,包括资金到位及实施效果等情况进行评估,根据评估结果对规划项目进行实时调整。跟踪评估制度,即对环境保护总体规划方案中某一项内容实施的有效性进行验证,对规划在实施过程中发现或产生的新问题进行动态跟踪分析,提出调整方案。回顾评估制度,即在规划期终结后实施的评估,将规划实施中的经验和教训融入新一轮环境保护总体规划中,明确新规划编制的重点内容,使规划方案更加具有可操作性。

通过立法形式明确环境保护规划评估结果要作为政绩考核的重要依据。根据评估结果实施环境保护总体规划行政问责和惩罚制度,在各级政府目标责任制中明确奖惩的方式方法,明确责任承担者,以督促规划实施。只有通过环境保护行政问责机制对环境保护规划评估结果的规范性约束,才能使环境保护规划的评估结论在后续环境保护规划的执行过程中得到有效落实。否则,环境保护规划评估结果可能流于形式,同时也会进一步助长后续环境保护总体规划的执行不力,造成恶性循环。

(7)加强环境保护规划的公众参与

通过立法形式明确在环境保护规划编制、实施、评估过程中必须包含公众参与部分,广泛征求意见,既要有受规划实施影响的公众(直接利益相关者),也要有专家学者,保证其公信度。

第5章 环境保护总体规划理论及技术方法

环境保护总体规划在编制过程中需以一定的理论和技术方法为指导，才能使规划成果具有科学性和可操作性。为使规划的编制过程理论性、科学性更强，本章系统整理了编制环境保护总体规划应用的有关理论及技术方法，构建了环境保护总体规划的理论体系和技术方法体系。

5.1 环境保护总体规划的理论基础

5.1.1 环境保护总体规划的理论体系

环境保护总体规划的理论体系由核心理论、基本理论和相关理论构成。

核心理论是指制定环境保护规划时必须遵守的支撑理论，是环境保护总体规划理论体系的灵魂和归宿；基本理论和相关理论是编制环境保护规划应该运用的理论，构成了环境保护总体规划理论体系的骨和肉。这些理论的综合运用使环境保护总体规划具有了与相关规划协调的理论基础。具体体系见图5-1。

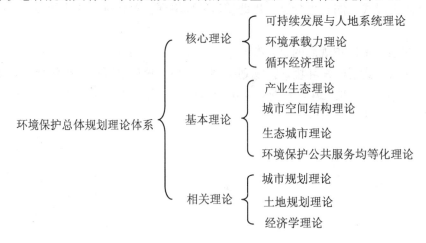

图 5-1 环境保护总体规划理论体系

5.1.2　环境保护总体规划的核心理论

（1）可持续发展与人地系统理论

可持续发展观是科学发展观的核心内容，是指既满足当代人的需要，又不损害后代人满足需要能力的发展。作为时代的最强音，它既要作为环境保护总体规划的指导思想，又要成为环境保护总体规划的最终目标。对可持续发展的追求，应贯穿于环境保护总体规划的始终。

①城市可持续发展

城市可持续发展是指其人口、经济与环境相协调、持久发展的最理想状态，即在一定的时空尺度上，以适度的人口、高素质的劳动力、高质量的经济增长、高级化的产业结构、综合的经济效益、无污染或少污染的环境质量、高投入的环境建设资金、可持续利用的资源及其合理消费，取得城市发展的集聚效应，从而既满足当代城市发展的需求，又满足未来城市发展的需求。城市可持续发展概念模型见图 5-2。

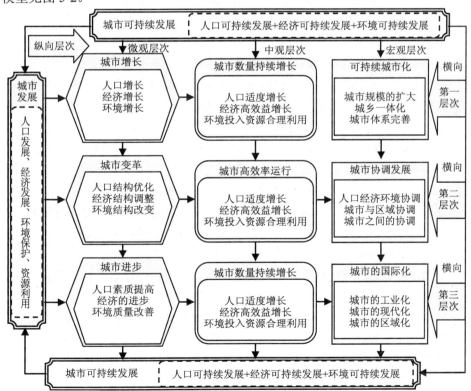

图 5-2　城市可持续发展概念模型

②人地系统

人地系统实际上就是人类社会和其所赖以生存的地理环境之间通过物质能量信息的流动所连接起来的不断发展变化的整体。人地系统由人类子系统和地理环境子系统组成，两个子系统之间、子系统与外界之间都发生着复杂的物质、能量和信息交换。其中人类子系统是人的思想、政治、经济活动的综合，具有鲜明的主动性和能动性，是人地系统的调控中心和中枢，决定人地系统的发展方向和具体面貌。地理环境子系统是人类赖以生存的自然环境和自然资源的总和，是人地系统存在和发展的物质基础和保障，是人地系统发展的前提。

③人地系统的可持续发展

人地系统在经过畏惧自然、崇拜自然的天命论和地理环境决定论，发展到工业文明时期的征服论。当人地矛盾越来越尖锐，自然界通过反馈机制把人类带给地球的灾难不断报复给人类的时候，人类终于认识到人与自然是平等的关系。人类要想进一步发展，除了加强对自然的调控以外，更重要的是要加强人类自身的调控。建立在合理的管理与干预下的经济发展与人口、资源、环境等的协调统一体，是人地系统发展到一定阶段的要求和表现。

④环境保护与人地系统的可持续发展

可持续发展提出的最直接原因是环境的恶化和资源的日益耗竭，因此如何保护环境和有效利用资源就成为可持续发展首要研究的问题。资源的永续利用和环境保护的程度是区分传统的发展与可持续发展的分水岭。从环境保护角度促进人地系统的可持续发展，在实践与观念上应注意以下几方面的问题：

第一，经济发展要与地球生物圈承载能力相适应。地球生态系统对人类的需求有着基本限度，即生态阈限。在这一限度内，它能够承载人类利用自然资源的负荷，吸收人类排放的废弃物，自动调节生物圈的平衡。而一旦人类的生产和消费超过了这一限度就会严重影响生物圈的自我调节能力，这种状况若持续时间过长，则生态系统可能崩溃。剧增的人口是对地球生物圈承载力的最大压力，因此控制人口数量成为可持续发展战略亟待解决的问题。

第二，正确处理环境权利与环境义务的关系。可持续发展强调"代际间的公平"。当代人不应只为自己谋利益而滥用环境权利，在追求自身的发展和消费时，不应剥夺后代人理应享有的同样的发展机会，即人类享有的环境权利和承担的环境义务应是统一的。

第三，提高资源利用效率，减少废弃物产出。可持续发展要求人们放弃传统的高消耗、高增长、高污染的粗放型生产方式和高消费、高浪费的生活方式。地球所面临的最严重的问题之一，就是不适当的生活和生产模式导致环境恶化、资源短缺、贫困加剧和各国的发展失衡，这要求人类使生产能够尽量少投入、多产出，使消费能够尽可能地多利用、少排放，以减少经济发展对资源和能源的依赖，减轻对环境的压力。

第四，建立生态观念。可持续发展要求人类摒弃以人为中心的传统世界观，转而建立起新的生态观念。传统的世界观把人类利益放在处理与自然关系的首位，以战胜自然获取各种资源为目的，这是导致生态失衡的深刻思想根源。而新的生态观念强调人是自然不可分割的一部分，人类要同自然协调发展才能促使双方的共同繁荣，要始终真正把自然界看做人类的生命源泉和财富源泉。

第五，建立自然资源核算体系。可持续发展承认自然资源具有价值，要求建立自然资源核算体系，合理进行资源定价。资源定价的客观基础取决于一个社会未来可持续发展需要的全部资源的维持与发展费用，应满足并遵循价值规律。具有价格标准的资源使用费应由使用者和政府共同承担，双方承担的比例和承担的具体方式可因不同发展水平的国家和人类发展的不同阶段而异。同时在条件成熟时，可促成资源利用成为一种有利可图的产业，将其纳入市场经济良性运行的轨道。

（2）环境承载力理论

人类赖以生存和发展的环境是一个具有强大的维持其稳态效应的巨系统，它既为人类活动提供空间和载体，又为人类活动提供资源并容纳废弃物。环境系统的价值体现在能对人类社会生存发展活动的需要提供支持。环境的这种属性是其具有"承载力"的基础。由于环境系统的组成物质在数量上存在一定的比例关系，在空间上有一定的分布规律，所以它对人类活动的支持能力有一定的限度，或者说存在一定的阈值，这个阈值就是环境承载力。

以保护和建设可持续的生态环境为最终目标的环境保护总体规划，其根本任务实质上是要协调人类的社会经济行为与生态环境的关系。这一切必须建立在对生态环境支持阈值的研究，即对环境承载力的研究基础之上。所以，环境承载力的提出和深入研究，不仅为环境保护总体规划提供了量化依据，提高环境保护总体规划的科学性和可操作性，而且对于完善环境保护总体规划的理论和方法体系，将产生极大的促进作用。

（3）循环经济理论

循环经济是对物质闭环流动型经济的简称，是一种资源利用效率更高的经济发展模式。循环经济倡导的是一种经济系统与生态系统和谐的发展模式。它要求把经济活动组织成一个"资源—产品—再生资源"的反馈式流程，所有的物质和能源在不断进行的经济循环中得到合理和持久的利用，从而把经济系统对生态系统的影响降低到尽可能小的程度。

与传统经济相比，循环经济的特征如下：一是循环经济可以充分提高资源和能源的利用效率，最大限度地减少废物排放，保护生态环境；二是循环经济可以实现社会、经济和环境的"共赢"发展；三是循环经济可以在不同层面上将生产和消费纳入一个有机的可持续发展框架。

循环经济理论系统地认识到传统直线经济的局限性，并以此建立了一组以"减量化、再使用、再循环"为内容的行为原则（简称"3R"原则）。每一个原则对循环经济的成功实施都是必不可少的。其中，减量化或减物质化原则属于输入端方法，旨在减少进入生产和消费流程的物质量；再利用或反复利用原则属于过程性方法，目的是延长产品和服务的时间强度；再生利用或资源化原则是输出端方法，通过把废弃物再次变成资源以减少最终处理量。

5.1.3 环境保护总体规划的基本理论

（1）产业生态理论

从"社会—经济—自然复合生态系统"的角度，产业生态学是一门研究社会生产活动中自然资源从源流到汇合的全代谢过程，组织管理体制以及生产、消费、调控行为的动力学机制，控制论方法及其与生命支持系统相互关系的系统科学。是将产业系统看做为一类特定的生态系统，模仿自然生态系统的运行规则构建经济与产业体系，实现人类可持续发展。

产业生态系统是按生态经济学原理和知识经济规律组织起来的，基于生态系统承载能力、高效的经济过程及和谐的生态功能的网络化生态经济系统。产业生态学是一门研究产业系统与经济系统、自然系统相互关系的科学，是一门研究产业可持续发展能力的科学。

产业生态学的理论体系由以下原理构成：生态位原理、竞争共生原理、反馈原理、补偿原理、循环再生原理、多样性主导性原理、生态发育原理、最小风险原理、系统论原理、投入产出原理、自组织原理、等级系统原理和尺度原理。

产业生态学兴起的四大前沿理论包括生态经济学或循环经济学（产业的生态转型和生产、流通、消费、还原和调控环节的横向、纵向、区域和社会耦合）；人类生态学或社会生态学（以人为本、天人合一的道理、事理、哲理和情理、生态现代化及社会转型理论）；景观生态学（地理、生物、气候、经济、人文生态的格局、功能与过程，及其时、空、量、构、序多维耦合关系）；复合生态系统生态学（整体、协同、循环、自生的生态控制论和辨识、模拟、调控以及规划、设计管理的生态整合方法），见图 5-3。

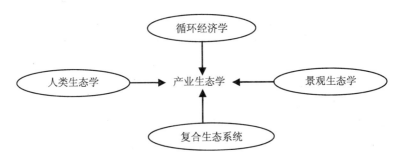

图 5-3　产业生态学的四大前沿理论

（2）城市空间结构理论

城市空间结构是指各种经济活动在城市内的空间分布状态及空间组合形式，是城市人类与自然、经济、社会和文化等因素相互作用的结果在城市地域内的综合反映，是城市形态在空间上的物质表现形式，它对城市的集聚与扩散过程起着基础性的作用。城市空间结构的历史和现实状态集中反映了城市发展的轨迹与特征，城市空间结构的拓展则是城市发展的外在表现和城市空间结构生命力的体现。

城市空间结构生态化是解决城市问题的需要，是改变传统的城市空间结构发展以经济导向为主的状况、改变粗放型城市发展模式的有效途径，也是人类对理想的城市空间结构模式和理想城市的一种探求。城市空间结构生态化研究是生态学原理与城市空间结构理论相结合的产物，其最明显的特征是应用生态学原理，分析和研究城市空间结构的状态、效率、关系和发展趋势，为城市空间结构科学合理的发展提供生态学意义的支持和理论依据。城市空间结构生态化研究是城市可持续发展研究的重要组成部分，将为传统的城市空间结构研究提供新的思路，这是走符合新的发展观的、人与自然和谐共存的城市发展道路的重要举措。

生产力布局对环境的影响，主要体现在对自然资源消耗的分布，以及对产业和生活废物排放的分布影响上。对生产力布局的研究，一般分为宏观、中观和微观 3 个层次。宏观的布局主要研究城镇体系的配置；中观的布局主要是在合理功能分区的基础上，确定工业区的分布；微观的布局主要是针对每个污染源的选址与定位。一般情况下，环境保护总体规划以中观层次的研究为主，其次为微观层次的研究。

（3）生态城市理论

生态城市是根据生态学原理，综合研究城市社会—经济—自然复合生态系统，并应用生态工程、社会工程、系统工程等现代科学与技术手段而建设的社会、经济、自然可持续发展、居民满意、经济高效、生态良性循环的人类住区。其中人和自然和谐共处、互惠共生，物质、能量、信息高效利用，是生态城市的核心内容。生态城市的发展目标是实现人与自然的和谐，包含人与人和谐、人与自然和谐、自然系统和谐三方面，其中追求自然系统和谐、人与自然和谐是基础与条件，实现人与人和谐才是生态城市的目标和根本所在。

将环境保护总体规划引入生态城市建设是指在进行生态城市规划时建立引导城市生态化的环境保护总体规划体系，使城市的发展更好地顺应环境条件，避免生态环境在城市发展中遭受大的破坏。环境保护总体规划主要从保护生产力的第一要素——人的健康出发，以保持或创建清洁、优美、安静和适宜生存的城市环境为目标。因此，环境保护总体规划是生态城市建设的重要组成部分之一。

以生态理论为导向的环境保护总体规划，绝不只是单纯追求优美的自然环境，而应以人与自然相和谐，社会、经济、自然持续发展为价值取向。所以，它的研究视野就不应只局限于物质环境上，而是要扩展到人与自然共荣、共存、共生的复合系统。其规划目标和评价标准要以社会、经济和自然三方面来衡量。其规划方法应广泛应用和吸收现代科学的理论技术和手段，去模拟、设计和调控系统内的生态关系，提出人与自然和谐发展的调控对策。

（4）环境保护公共服务均等化理论

作为基本公共服务的内容之一，环境保护公共服务与其他基本公共服务相同，应具有保障性、普惠性（广覆盖）和公平性3个属性特征。环境保护公共服务的保障性，是指环境保护公共服务供给的基本目的在于为公民提供健康安全的基本生存环境；环境保护公共服务的普惠性，是指环境保护公共服务的供给范围应面向所有社会公众，而不应具有排他性和局部性；环境保护公共服务的公平性是指在服务供给过程中，所有公民享受服务的权利、机会与结果基本一致和平等。

环境保护公共服务旨在为公民提供安全、舒适的生活工作环境所必需的基本保障。根据环境生态问题的现实紧迫性以及各类服务所涉及的公共利益的重要性，环境保护公共服务的核心内容可以界定为环境监管服务、环境治理服务和环境应急服务这3项。同时，环境监管、环境治理与应急服务的效率和产出并不仅仅取决于政府的投入以及硬件设施等公共产品与服务的提供，在很大程度上还有赖于相关政策与制度的建设、环境信息公开、公众参与和社会监督以及环境宣传教育中企业、社会环境保护意识与努力程度的提高。因此，为保证服务的有效性、综合性和完整性，从政府履行环境保护责任的角度出发，对于环境保护公共服务的范围与内容的界定，需要将环境治理和环境保护的整个过程中政府所应提供的公共产品与服务都纳入其中。根据政府环境责任的主要内容，环境保护公共服务的范围应主要包括6个方面，见表5-1。

表 5-1　环境保护公共服务的内容和范围

	内　容	含　义
环境保护基本公共服务	环境政策服务	法律法规、政策、规划与技术标准的制定
	环境监管服务	政府决策与规划的环境影响评价，建设项目的环境许可与审批，环境监测，环境法制，完善行政监督和社会监督
	环境治理服务	环境基础设施的投资、建设、运行与管理，环境污染治理，自然生态保护
	环境应急服务	环境污染突发事件的有效预防与处置，包括预警、处置与事后恢复、赔偿等
	环境信息服务	环境质量状况与环境治理等信息的收集、整合与公开，支持、推动公众环境保护活动，促进公众参与
	环境教育服务	环境保护宣传，公众教育，支持、鼓励企业环境保护行为

5.1.4　环境保护总体规划的相关理论

与总体规划相关的理论较多，有城市规划方面的理论，有土地规划方面的理论，有经济学方面的理论等。城市规划理论中，田园城市规划理论、现代城市规划理论、有机疏散理论等比较常用；土地规划理论中，地租地价理论、区位理论比较常用；经济学理论中生态经济等理论比较常用。特别应该注意城市规划、土地规划理论的应用，只有综合运用这些理论，才能保证环境保护总统规划在实际运用中与相关规划得到很好的融合。

5.2　环境保护总体规划的技术方法体系

5.2.1　环境保护总体规划技术方法体系

在对国内外规划技术方法研究分析的基础上，结合国内众多城市编制环境保护规划的实践，整理出现阶段适合于我国环境保护总体规划编制技术方法（具体方法见表 5-2），构建了环境保护总体规划的技术方法体系（具体见图 5-4）。

表5-2 环境保护总体规划技术方法

分类	方法体系	具体方法	内容	特点
方法技术平台	方法研究平台	①调查方法 ②分析方法 ③评价方法 ④预测方法 ⑤区划方法 ⑥决策分析方法	①调查方法：实地调查、数据采集、网络搜索；专家和相关部门咨询；3S技术 ②分析方法：数据类聚与建立数据库；归纳、分类与推理；GIS解译与空间分析；专家咨询 ③评价方法：环境质量评价、环境承载力分析、水环境评价、大气环境评价、声环境评价、生态环境质量评价 ④预测方法：环境承载力预测；数学统计模型预测（线性回归法、滑动趋势平均法、增长率法、增长量）等 ⑤区划方法：GIS空间分析与制图方法、土地适宜度分析区划法、生态功能区划、环境功能区划 ⑥决策分析方法：费用效益法、单目标决策法、多目标决策法	①建立数据资料库和指标体系 ②辨识环境特点与城市问题 ③确定规划目标与具体指标 ④判别城市发展满意度 ⑤评估环境承载力可持续度
	技术设计平台	①计算机辅助设计技术 ②3S技术 ③GIS形象设计技术 ④图件绘制与美工技术 ⑤数据、信息处理技术 ⑥虚拟现实系统技术	①各种辅助软件应用技术，包括GIS软件、SPSS预测软件以及各种作图软件 ②图像获取、解译与分析技术 ③信息输入、输出、保存与分析技术	①建立环境保护总体规划模型 ②进行功能区划分与规划设计 ③确定城市形象空间布局方案 ④研制城市环境保护规划管理信息系统
	规划编制平台	①规划编写及排版操作平台 ②规划图件制作操作平台 ③规划成果制作平台	①规划图件绘制 ②规划报告编写 ③规划成果制作	①编制环境规划图件 ②编写规划报告和说明书 ③制作研究成果多媒体 ④印刷出版研究成果

分类	方法体系	具体方法	内容	特点
评估方法	地表水环境评价	①单项水质参数综合评价 ②多项水质参数综合评价	①标准指数法 $S_{i,j}=c_{i,j}/c_{si}$ ②幂指数法 $S_j=\prod_{i=1}^{m}I_{i,j}^{w_i}$, $\quad 0<I_{i,j}\le1$, $\quad \sum_{i=1}^{m}W_i=1$ ③向量模法 $S_j=\left[\sum_{i=1}^{m}S_{i,j}^2\right]^{1/2}$ ④算术平均法 $S_j=\dfrac{1}{m}\sum_{i=1}^{m}S_{i,j}$ ⑤加权平均法 $S_j=\sum_{i=1}^{m}W_iS_i$, $\quad \sum_{i=1}^{m}W_i=1$	①单项水质参数评价简单明了，可以直接了解该水质参数现状与标准的关系，一般均可采用 ②多项水质参数综合评价只在调查的水质参数较多时方可应用，此方法只能了解多个水质参数的综合现状与相应标准的综合情况之间的某种相关关系
	工业污染源评价	①等标污染负荷法 ②污染物排放量排序	①等标污染负荷法 采用等标污染源负荷法对工业污染源进行评价，用等标污染负荷法对污染源及污染物位次进行排序并评价。 $P_{ij}=\dfrac{C_{ij}}{C_{0j}}Q_{ij}$ ②污染物排放量排序是直接评价某种污染物的主要污染源的最简单方法	采用总量控制规划法时，针对区域总量控制的主要污染物，对排放主要污染物的污染源进行总量排序

分类	方法体系	具体方法	内 容	特 点
评估方法	资源环境承载力评价	①大气环境容量 ②地表水环境容量 ③水资源承载力 ④土地承载力 ⑤能源承载力	①A值法和A-P值法、多源模型法、线性规划法 ②零维水质模型、定常稀释容量模型、随机稀释容量模型、水库的箱式模型、沃伦威德尔模型、吉阿奈尔－迪龙模型、一维水质模型、二维水质模型 ③背景分析法和定额估算法、水资源可利用量、总需水量、模糊综合评判、主成分分析法、系统动力学方法、多目标决策法 ④土地人口承载力、生态足迹、光合潜力衰减法、迈阿密模型、里斯模型、杜允波斯模型、农业生态区域法 ⑤能源弹性系数法、时间序列分析法、灰色预测法、回归分析、因素分析、投入产出、部门分析法、协整理论、情景分析法	线性规划方法是解决环境容量资源利用最大化问题的重要方法
预测方法	回归预测	①线性回归预测 ②非线性回归预测	①线性回归包括一元线性回归和多元线性回归，其中多元线性回归表示为 $y = b_0 + b_1 x_1 + b_2 x_2 + \cdots + b_k x_k$ ②非线性回归包括多元非线性回归，其中多元非线性回归表示为 一元回归模型、 线性回归表示为 $y = f(x_1, x_2, \cdots, x_k)$	特点：通过对观测数据的统计分析和处理，确定事物之间相关关系 优点：适用于处理大量观测数据的方法 缺点：但对影响因素错综复杂或有关影响因素的数据无法得到有关时，此方法不适用

分类	方法体系	具体方法	内　容	特　点
预测方法	时间序列平滑预测	①一次指数平滑法 ②二次指数平滑法 ③三次指数平滑法	①一次指数平滑法是用 $(t+1)$ 期的平滑值作为预测值，数学表达式为 $S_{t+1} = \alpha Y_t + (1-\alpha)S_t$ ②二次指数平滑法在第一次平滑基础上，再进行一次平滑，是用来修正一次指数平滑值的滞后偏差，表达式为 $S'_t = \alpha Y_t + (1-\alpha)S'_{t-1}$，$S''_t = \alpha S'_t + (1-\alpha)S''_{t-1}$ ③三次指数平滑法在二次指数平滑基础上再做一次指数平滑，主要用于非线性时间序列的预测，建立预测模型，表达式为 $$F_t = a_t + b_t + \frac{1}{2}c_t m^2$$	特点：依据预测对象过去的统计数据，找到其随时间变化的规律，建立时间序列模型，推断未来数值 优缺点：二次指数平滑用来修正一次指数平滑的滞后偏差；三次指数平滑用于非线性时间序列的预测
	时间序列分析	又称博克斯·詹金斯法或 ARMA法	将预测对象随时间变化形成的序列看做一个随机序列，一种依赖时间的一组随机变量。这一组随机变化的数字序列，可以用相应的数学模型加以近似描述，能更本质地认识到其中的内在结构和复杂特性，达到最小方差意义下的最佳预测。采用 S-plus、TSP、Eviews 和 SAS 等软件	进行系统建模时，要求序列必须为平稳非白噪声，因此在建模之前需对数据进行平稳性检验和纯随机性检验 这种有效模型并不是唯一的，可采用 AIC 准则用于模型阶数的确定和模型的优化
	马尔科夫预测	①第 k 个时刻的状态概率预测 ②终极状态概率预测	马尔科夫预测将预测时间序列看做一个随机过程，通过对事物不同状态的初始概率和状态之间转移概率的研究，确定状态变化趋势，以预测事物的未来。表达式如下：$$\pi_j(k) = \sum_{i=1}^{n} \pi_i(k-1)p_{ij} \quad (j=1, 2, \cdots, n)$$	马尔科夫预测法的基本要求是状态转移概率矩阵必须具有一定的统计稳定性；必须有足够多的统计数据，才能保证预测的精度与准确性

分类	方法体系	具体方法	内　容	特　点
预测方法	灰色系统分析	①数列预测 ②次变预测 ③拓扑预测 ④系统预测	在 GM (1, 1) 模型基础上进行的预测，通过 GM (1, 1) 模型去预测某一序列数据间的动态关系。表达式如下： ①数列预测： $\hat{x}^{(0)}(k) = \hat{x}^{(0)}(k-1) = \left[x^{(0)}(1) - \dfrac{u}{a}\right](1 - e^a)k^{-a(k-1)}$ ②次变预测：针对 $X_\xi^{(0)}(k')$ 建立 GM (1, 1) 模型 ③拓扑预测：是灰变预测多次进行后的组合 ④系统预测：要用到 GM (1, 1) 模型，还要使用 GM (1, N) 模型[一阶多 (N) 变量的灰色模型]	前 3 种预测都是对系统中某一变量变化情况的预测，而系统预测则是对系统中的数个变量变化情况同时进行的预测，既预测这些变量间的发展变化关系，又预测系统中主导因素所起的作用
	系统动力学	①系统分析 ②系统的结构分析 ③建立数学的规范模型 ④模型模拟与政策分析	系统动力学是以反馈理论为基础，以数学计算机仿真技术为手段，通过对系统各组成部分和系统行为进行仿真，研究复杂系统的行为为学科，加深对系统内部结构与其动态行为为关系的研究与认识，并进行改善系统行为的研究，采用 DYNAMO 和 Vensim 软件	系统动力学对复杂非线性问题强大的处理能力，目前已经在环境科学规划、战略环境评价等环境科学领域广泛应用
总量控制制规划技术	污染物总量控制制规划	①线性规划 ②整数规划 ③动态规划 ④灰色线性规划	①线性规划：指的都已确知的优化方法，标准模型为 目标函数 $\max(\min)Z = \sum_{j=1}^{n} C_j X_j$ 约束条件 $\sum_{j=1}^{n} A_{ij} X_j \leq (=, \geq) B_j\ (i = 1, 2, \cdots, m)$ $X_j \geq 0 \qquad (i = 1, 2, \cdots, m)$ ②整数规划：a. 0-1 型整数模型在城市污染浓度已超标的情况下，已知各排放源若干个削减污染的措施及其费用，通过 0-1 整数规划可求得整体费用最小的情况下，每个源应选取哪个削	线性规划可获得总污染源排放量最大、总污染削减量最小，或削减污染物措施的总投资费用最小 整数规划可以求得总排放量的分配问题。一些与时间有关系的动态规划问题，只要人为地引进静态规划，可把它视为多阶段决策问题，用动态规划方法去处理

分类	方法体系	具体方法	内容	特点
区划技术	生态功能区划	①地理相关法 ②空间叠置法 ③主导标志法 ④景观制图法 ⑤定量分析法	治理措施。b. 混合整数规划包含的往往是具体治理措施方案的总量控制规划 动态规划解决多阶段决策过程最优化的一种数学方法，是根据一类多阶段决策问题的特点，把多阶段决策转换为一系列互相联系单阶段问题，然后逐个加以解决 ①地理相关法将所选定的各种资料、图件等统一标注或转绘在具有坐标网络的工作底图上，然后进行相关分析，按相关紧密程度编制综合性的生态要素组合图，并在此基础上进行不同等级的区域划分或合并 ②空间叠置法以各个分区要素或各个部门的利益综合的分区（气候区划、地貌区划、植被区划、土壤区划、农业区划、工业区划、土地利用图、林业区划、综合自然区划、生态地域区划、生态敏感性区划、生态服务功能区划等）图为基础，通过空间叠置，以相重合的界限或平均位置作为新区划的界限 ③主导标志法是主导因素原则在分区中的具体应用 ④景观制图法是应用景观类型法的原理编制景观类型图，在此基础上，按照景观类型的空间分布及其组合，在不同尺度上划分景观区域 ⑤定量分析针对传统定性分区分析中存在的一些主观性、模糊不确定性缺陷，近来数学分析的方法和手段逐步被引入到区划工作中，如主成分分析、相关分析、对应分析、聚类分析、逐步判别分析等一系列方法均在分区工作中得到广泛应用	在实际应用中，空间叠置法多与地理相关法结合使用，特别是随着地理信息系统技术的发展，空间叠置分析得到越来越广泛的使用。用主导标志分区界时，还需用其他生态要素和措标对区界进行必要的订正。景观制图法以景观图为基础，按一定的原则逐级合并，即可形成不同等级的土地区划单元。由于生态系统功能地区划分对象的复杂性，随着 GIS 技术的迅速发展，在空间分析基础上将定性与定量分析相结合的专家集成方法正在成为工作的主要方法

分类	方法体系	具体方法	内 容	特 点
区划技术	大气环境功能区划	①多因子综合评分法 ②模糊聚类分析法 ③生态适宜度分析法 ④层次分析法	将区域分成若干子区，如各小行政区等，依据各个子区所具有的社会功能、气候地理特征及环境现状中功能状态判别要素，将其中有定量描述的要素，按数量范围进行分级化，大气环境功能区是不同级别的大气环境系统的空间形式，各种地域上的大气环境功能区的系统特征是大气环境功能区的内容和性质	大气环境功能区是非常复杂的问题，涉及的因素较多，采用方法的定性方法进行划分，不能很好地揭示出城市大气环境的本质在空间上的差异及其多因素之间的内在关系
	水环境功能区划		水环境功能区划是水资源合理开发利用与有效配置的重要手段，也是环境容量计算、实施总量控制，进行区域水环境质量评价的重要依据，是水资源与水环境目标管理、分类管理的基础；合理的区划有利于产业发展、城市建设与人口布局优化，有利于规避与周边地区水污染冲突	根据《地表水环境质量标准》（GB 3838—2002）来进行划分的，依据地表水水域环境功能和保护目标，按功能高低依次划分为5类，水域功能类别高的标准值严于水域功能类别低的标准值，同一水域兼有多类使用功能的，执行最高功能类别对应的标准值
	声环境功能区划		根据《城市区域环境噪声标准》（GB 3096—93）中适用区域的定义，结合城镇建设特点来划分环境噪声功能区	

分类	方法体系	具体方法	内 容	特 点
决策技术	确定性决策	①确定型决策问题确定 ②环境费用效益分析	①确定型决策是指只存在一种完全确定的自然状态的决策,确定性问题的决策方法有很多,如线性规划、非线性规划、动态规划、图与网络等方法,都是解决确定型决策问题常用数学规划方法 ②费用效益分析最初作为国外评价公共事业部门投资的一种方法发展起来的,后来这种方法被引入到环境领域,作为识别和度量各种项目方案或规划管理活动的经济效益和费用的系统方法,其基本任务就是分析计算规划与管理活动方案的费用和效益,然后通过比较评价从中选择净效益最大的方案,提供决策	环境费用效益分析最为关键,也是最为困难的环节就是如何将所有经济识别和预测的环境影响货币化,在实际操作中应根据环境影响及环境效应的类型及环境影响表现形式、信息等资源的可获得性进行
	风险型决策	①决策树分析方法 ②主观概率决策 ③贝叶斯决策	①风险型决策:是在各状态概率已知的条件下进行的,一旦各自然状态的概率经过预测或估计被确定下来,在此基础上的决策分析所得到的最满意方案就具有一定的稳定性 ②决策树分析:是指以树图形作为分析和选择方案在不同自然状态下的期望值 ③主观概率决策:有些决策问题只能由决策者根据他对此事件一定的了解去确定,这样确定的概率反映了决策者对事件出现的信念程度 ④贝叶斯决策:决策信息不够充分时,可通过调查或试验等途径去获得更多更确切的信息来修正原有决策	结果出现的机会是用各自然状态出现的概率表示的,因此决策者无论选择哪种方案,都要承担一定的风险,只要状态概率计算切合实际,风险决策就是一种比较可靠的测算决策方法

分类	方法体系	具体方法	内 容	特 点
决策技术	不确定型决策	①乐观决策法 ②悲观决策法 ③折中决策法 ④后悔值决策法 ⑤等概率决策法	①存在着一个明确的决策目标 ②存在着两个或两个以上随机的自然状态 ③存在着两个可供决策者选择的两个或两个以上的行动方案 ④可求得各方案在各状态下的决策矩阵	不确定型决策完全取决于决策者的经验以及对未来状态分析判断的能力，其决策具有很大程度的主观随意性
	多目标决策分析	①基于决策矩阵的多属性决策 ②层次分析法 ③DEA方法 ④目标规划	①所谓多目标决策问题是指在一个决策问题中同时存在多个目标，每个目标都要求其最优值，并且各目标之间存在着冲突和矛盾的一类决策问题。对于多目标规划与管理问题，其数学模型可表述如下： $$max(min)Z=f(X)$$ $$\Phi(X)\leq G$$ ②决策矩阵提供了分析决策问题所需的基本信息，各种数据的预处理和求解方法都以此为基础 ③层次分析法是一种定性与定量相结合的决策分析方法，将决策者对复杂系统的决策思维过程模型化、数量化的过程 ④DEA是一种针对多指标投入和多指标产出的相同型部门之间的箱底有效性进行综合评价，是一种多属性决策的常用方法 ⑤目标规划：对每一个目标函数引进一个期望值，引入目标的优先等级和权系数，构造出一个新的单一目标函数，将多目标问题转化为单目标问题进行求解	环境规划的某些决策问题，虽然可经概括、简化，一定程度上将其处理为单一目标的数学规划问题，并以相应的优化方法求解，但进行规划方案的选择确定，于多目标决策的概念方法将能更好地体现环境系统规划决策问题多目标的本质特征，支持环境规划决策问题的分析过程

分类	方法体系	具体方法	内容	特点
可持续发展评判技术	可持续发展指标体系	①UNCSD可持续发展指标体系 ②人文发展指数	①利用一定的折算方法，将人类经济、社会和环境系统的发展程度按照一定的单位进行统一度量，如生态足迹、能值分析法和环境经济核算等 ②基于经济、社会和环境的指标体系进行的综合评价方法，如层次分析法、模糊综合评价、熵值法等	以上各类方法主要用于指标体系中的相对权重值的确定
	能值分析法	①净能值产出率 ②能值投资率 ③环境负载率 ④能值货币比率 ⑤宏观经济价值	能值分析用太阳能来衡量某一能量的能值大小，任何流动的或贮存状态的能量所包含的能量的量，即为该能量的太阳能值。Odum用符号图图例描绘系统的结构组成 能流路线——能流常伴随物流，具有一定的数量和方向 能量来源——系统的能量来源。生态系统利用每一资源均具有能量，诸如太阳、风、海潮涨退等都是能量来源 热耗失——消耗散失不能再利用的太远光能。此符号与能量来源符号等例连接 生产者——利用和质始能量和原始能量制造新产品的单元，如树木、农作物或工厂 消费者——利用和消耗生产者供给的产品和能量的单元，如昆虫、牲畜、人类和城市等 交流键——表示货币与能量、物质或劳务的交换、交易	能值分析建立在能量符号语言基础之上。可更新资源通过环境系统对社会经济系统产生作用R，不可更新资源N也是社会经济系统的基本输入之一，基于能值分析的可持续发展指数体系是建立在输入、输出及反馈能值流同运算基础之上的

分类	方法体系	具体方法	内　　　容	特　　点
可持续发展评判技术	生态足迹评价法	①生态生产性面积 ②生态承载力 ③生态赤字/生态盈余 ④全球生态标杆	生态足迹是生产这些人口消费的所有资源和吸纳这些人口所产生生的所有废弃物所需要的生物生产土地的总面积和水资源量，将一个地区或国家的资源、能源消费同自己所拥有的生态能量进行比较，能判断一个国家或地区的发展是否处于生态承载力的范围内，是否有安全性	生态足迹测量了人类生存所必需的真实土地面积。同许多类似的资源流量平衡一样，生态足迹仪考虑了资源利用过程中经济决策对环境的影响
	模糊综合评判技术	模糊集合理论，将元素与集合的关系用隶属度进行刻画，隶属度可以理解为元素属于某一集合的程度 ①建立因素集 ②建立评价集 ③建立模糊关系矩阵 ④确定权重分配阵 ⑤综合评价计算		可持续发展的评价问题同样具有边界模糊的特征，很难明确判定可持续性的具体指标边界，可以采用模糊综合评价的方法进行处理
城市循环经济技术	物质代谢分析	①物质流分析 ②能量流分析 ③净初级生产量 ④生态足迹	物质代谢分析主要分析在经济系统中物质和能量的流动，包括从物质的提取到生产、消费和最终处置运行过程如何影响社会、经济和环境，以及如何减少这些影响等问题，是循环经济研究的一个重要领域	物质代谢数量研究的中心问题是物质流核算与分析，目前用于物质流分析及计算的比较成熟的技术平台或软件主要有 Excel、Umberto、Gabi 等
	投入产出分析	①投入产出矩阵 P ②投入产出模型	投入产出分析方法是一种静态建模方法，主要用于城市宏观经济系统的各个部门的经济货币流的相互作用的模型。表达式如下：①投入产出矩阵 P	可将其应用于循环经济系统模型中，通过物质流矩阵和相应的物质流矩阵，来追踪直接流和间接流的路径

分类	方法体系	具体方法	内　容	特　点
城市循环经济技术	清洁生产潜力分析	①产污系数 ②污染物产生量基准值 ③清洁生产潜力分析模型	②投入产出模型 $f_{ik} = a_{ik} \cdot x_i \qquad i,k=1,2,\cdots,n$ $x_k = \sum_{i=1}^{n} a_{ik} \cdot x_i + y_{0k} \qquad i,k=1,2,\cdots,n$ 清洁生产潜力分析旨在从宏观层次上评估或预测实施清洁生产的效果。该模型以行业清洁生产标准为参照系，以行业清洁生产标准的不同级别为导向的不同经济增长模式下清洁生产，计算出以清洁生产标准下污染物的产生量，与该行业的污染物产生基准值进行比较，污染物产生量差值就是该污染物产生量的削减潜力	清洁生产潜力分析了不同产品产量、不同经济增长模式下污染物的削减潜力。该模型可用于清洁生产的回顾性评价和分析，也可用于对未来清洁生产潜力的预测和评估

分类	方法体系	具体方法	内容	特点
费用效益分析	效益评估方法	①价值的构成 ②环境资源价值的评估 ③环境效益估算	效益的构成主要包括直接经济效益、生态环境效益和社会效益。其中，在评估环境效益时最常用的方法是根据环境介质的分类逐个分析评估	环境效益的估算可以明确环境规划项目实施前带来的损害
	费用评估方法	①费用的构成及评估 ②费用估算	费用评估主要对投入费用、运行费用、直接经济损失和生态环境污染损失进行评估	具有判断、预测、选择和导向的作用
	费用效益分析的综合评价方法	①净效益 ②费效比 ③内部收益率	对环境费用和效益进行比较评价，通常采用的是净效益、效费比和内部收益率等方法	可作为环境决策的重要工具充分利用，在重要项目和重大环境决策中普遍推行

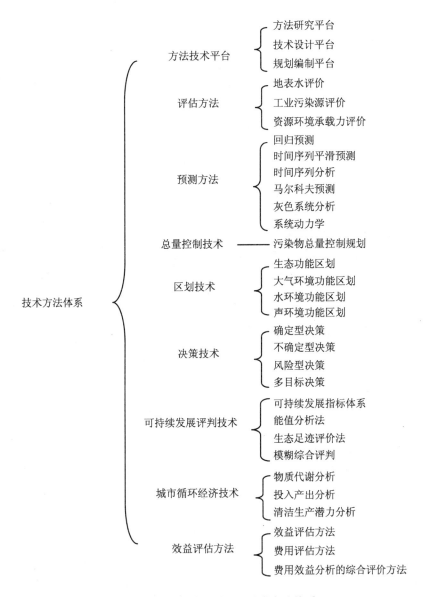

图 5-4　环境保护总体规划技术方法体系

5.2.2　环境保护总体规划的技术方法平台

（1）环境保护总体规划的方法研究平台

环境保护总体规划方法研究平台主要由 6 个方法组成，调查方法包括：实地调查、文献调查、实验调查、分析统计调查（3S）、网络搜索、专家和相关部门咨询等；分析方法包括：对比分析、类聚分析、归纳、分类与推理、GIS 解译与空间分析和专家咨询等；评价方法包括：环境质量评价、环境承载力分析和污染源评价等；预测方法包括：定性分析预测法、时间序列预测法和回归分析预测法等；区划方法包括：GIS 空间分析与制图方法、土地适宜度分析区划法、生态功能区划和环境功能区划等；决策方法包括：费用效益法、单目标决策法和多目标决策法等。

（2）环境保护总体规划的技术设计平台

环境保护总体规划编制的技术设计平台由 6 个方面组成，主要包括计算机辅助设计技术、3S 技术、GIS 形象设计技术、图件绘制与美工技术、数据与信息处理技术和虚拟现实系统（VR）技术。

（3）环境保护总体规划的规划编制平台

规划编制平台主要包括规划编写与排版操作平台、规划图件制作操作平台和规划成果制作平台。

5.2.3　环境保护总体规划的评估方法

在环境保护总体规划编制过程中，对环境各要素的现状评估是一切工作的基础。通过环境现状评估，核算环境资源容量（或承载力），可以掌握和比较环境质量状况及其变化趋势，寻找污染治理重点，为环境保护总体规划的目标和措施制订提供科学依据。

（1）地面水环境评价方法

现状评价是水质调查的继续。评价水质现状主要采用文字分析与描述，并辅之以数学表达式。在文字分析与描述中，可采用检出率、超标率等统计值。数学表达式分两种：一种用于单项水质参数评价，另一种用于多项水质参数综合评价。

单项水质参数评价法　是用某一参数的实测浓度代表值与水质标准对比，判断水质的优劣或适用程度，即标准指数法。若水质参数的标准指数＞1，表明该水质参数超过了规定的水质标准，已经不能满足使用要求。单项水质参数评价简单明了，可以直接了解该水质参数现状与标准的关系，一般均可采用。

多项水质参数综合评价法　是将被评价水体的多项指标的信息加以汇集，把多个描述被评价水体不同方面且量纲不同的统计指标，转化成量纲为 1 的相对评价值，形成包含各个侧面的综合指标，最终得出对该水体水质的评价结论。多项水质参数综合评价的方法很多，包括幂指数法、加权平均法、向量模法和算术平均法等。多项水质参数综合评价法只在调查的水质参数较多时方可应用。此方法只能了解多个水质参数的综合现状与相应标准的综合情况之间的某种相对关系。

（2）工业污染源评价方法

工业污染源评价是通过数学手段，将在调查中获取的各种定量、定性数据进行处理，以直观明了的方式来表达主要污染源、主要污染因子，以统一的尺度衡量污染强度的时空变化特征，达到准确地对污染源进行评价的目的。工业污染源评价方法主要包括等标污染负荷法和污染物排放量排序法。

等标污染负荷法　等标污染负荷即污染源中污染物浓度与评价标准比值再乘以污染物的排放量。采用等标污染负荷法可以对工业污染源进行评价，并根据评价结果对污染源及污染物位次进行排序。等标污染负荷法未能剔除行业规模等对其结果的影响。另外，采用等标污染负荷法确定重点污染源或污染物时，需要注意的是部分排污单位排放毒性大、在环境中易于积累的污染物未列入主要污染源或主要污染物中，然而对这些污染物又必须加以控制，因此计算后还应作具体的分析。

污染物排放量排序法　采用污染物总量控制规划法时，针对区域总量控制的主要污染物，对排放主要污染物的污染源进行总量排序。污染物排放量排序法是直接评价某种污染物的主要污染源的最简单的方法，一般均可采用。

（3）资源环境承载力评价方法

①大气环境容量

大气环境容量是一种特殊的环境资源，与其他自然资源在使用上有着明显的差异。鉴于环境条件和污染物排放的复杂性，准确计算一定空间环境的大气环境容量较为困难，因为大气是没有边界的，一定空间区域内外的污染物互相影响、传输、扩散。在做一定的假设后，可借助数学模型模拟估算一定条件下的大气环境容量。主要计算方法包括 A 值法、A-P 值法、多源模型法和线性规划法等。

A 值法　A 值法的原理是将城市看成为由一个或多个箱体组成，下垫面为底，混合层顶为箱盖。通过对区域的通风量、雨洗能力、混合层厚度、下垫面等条件综合分析浓度限值，计算得出一年内由大气的自净能力所能清除掉的大气污染物总量。A 值法是在环境管理实践总量控制早期发展起来的一种方法。A 值法基于箱模型，模式清晰，计算方便。A 值控制区的确定是计算理想环境容量的前提，A 值控制区不同于环境空气质量功能区，不同的 A 值控制区只是对污染物排放量实行不同控制，而不是实行相应环境空气质量标准。

A-P 值法　A-P 值法是基于 A 值法计算出控制区的大气环境容量（某种污染物的允许排放总量）然后利用 P 值法，在区域内所有污染源的排污量之和不超过上述容量的约束条件下，确定出各个点源的允许排放量。即由控制区及各功能分区的面积大小给出控制区或总允许排放总量，再配合点源排放 P 值法对点源实行具体控制。A-P 值法虽然针对点源提出了 P 值法控制的方案，但没能综合考虑当地的地形、气象等具体状况。因此 P 值法按与烟囱高度平方成正比的关系分配允许排放量，夸大提升烟囱对降低污染的作用。

多源模型法　利用多源模型模拟计算各污染源按基础允许排放量排放时污染物的地面浓度情况，以区域内各控制点的污染物浓度都不超过其控制标准为条件，利用一定的方法对相关污染源的基础允许排放量进行削减分配，确定出各污染源的允许排放量，最后得出区域环境容量值。多源模型法是计算实际环境容量的主要方法，多源模型法中污染源调查要求精度高，其计算出的环境容量只是在现状污染源格局和其限定条件下的最大值，并不是区域内所能容纳污染物的最大量。在保证控制点不超标的条件下，通过污染源合理规划布局，还可以新增污染源。

线性规划法　大气环境系统是一个多变量输入-输出的复杂系统，然而就污染物的排放量与浓度分布而言，可近似其为线性的，从而利用运筹学的线性优化理论建立容量模式。线性规划法是将污染源及其扩散过程与控制点联系起来，以目标控制点的浓度达标约束，通过线性优化方法确定源的最大允许排放量或削减量。线性规划方法是解决环境容量资源利用最大化问题的重要方法。此方法考虑到每个污染源及其扩散过程对每个控制点的浓度影响，在满足控制点大气污染物浓度达到环境目标值要求的前提下，确定各污染源大气污染物的最大允许排放量。

②地表水环境容量

水环境容量是水环境科学研究领域的一个基本理论问题，也是水环境管理的一个重要应用技术环节。地表水环境容量计算模型包括零维水质模型、一维水质模型和二维水质模型等。

零维水质模型　对于河流而言，在受纳水体的流量和污水量之比大于 10～20，且当污染物在空间方向的浓度梯度可以忽略不计时（如小于 5%），可以认为河流中污染物是完全混合的，河流水环境容量问题可简化为零维问题。由于此时河流水体对污染物的稀释作用较大，水环境容量的计算可以近似简化为稀释容量的计算。稀释容量又包括定常稀释容量和随机稀释容量。对于水库而言，多采用箱式模型，箱式模型并不描述发生在水库内的物理、化学和生物学过程，同时也不考虑水库的热分层。形式模型是从宏观上研究水库中营养平衡的输入—产出关系的模型。水库的箱式模型主要分为完全混合箱式模型和分层箱式模型。其中完全混合箱式模型又主要有沃伦威得尔（Vollenweider）模型和吉柯奈尔—迪龙（Kirchner - Dillon）模型。流域水污染物总量控制，以零维（或一维）模型为主。

一维水质模型　对于河流而言，一维模型假定污染物浓度仅在河流纵向上发生变化，主要适用于同时满足以下条件的河段：一是宽浅河段；二是污染物在较短时间内基本能混合均匀；三是污染物浓度在断面横向方向变化不大，横向和垂向的污染物浓度梯度可以忽略。如果污染物进入水域后，在一定范围内经过平流输移、纵向离散和横向混合后达到充分混合，或者根据水质管理的精度要求允许不考虑混合过程而假定在排污口断面瞬时完成均匀混合，即假定水体在某一断面处或某一区域之外实现均匀混合，则不论水体属于江、河、湖、库的任一类，均可按一维问题简化计算条件。另外，在河流稀释比大于 20 时，可不使用降解系数，一维水质模型可略去纵向离散系数，结果偏于安全，工作量可大为减少。流域水污染物总量控制，以一维（或零维）模型为主。

　　二维水质模型　　当水中污染物浓度在一个方向是均匀的，而在其余两个方向是变化的情况下，必须采用二维模型。河流二维对流扩散水质模型通常假定污染物浓度在水深方向是均匀的，而在纵向、横向是变化的。同一维模型相比，二维模型控制偏严。当涉及饮用水水源地河段、排污口下游附近有取水口、存在生活用水取水口的河段以及河流水面平均宽度超过 200m 时，为了确保水质安全，均应采用二维模型进行计算。

　　③水资源承载力

　　水资源承载力是指在一个地区或流域的范围内，在具体的发展阶段和发展模式条件下，当地水资源对该地区经济发展和维护良好的生态环境的最大支撑能力。主要分析方法包括背景分析法和定额估算法、模糊综合评判方法、主成分分析法、系统动力学方法和多目标决策法。

　　背景分析法和定额估算法　　此类方法通过类似区域比较或水资源量的估算或模拟递推达到极限等方法，试图寻求区域水资源的最大承载能力。特点是将水资源条件和社会、经济、环境等各种背景情况联系在一起，考虑一定的背景情况下最大的可承载人口数量，并且评判它与预测数量（或规划数量）的关系，由此获得水资源承载能力的判断。由于实际情况复杂，由此计算的最大可承载人口是一种简化的、理想状态下的人口数量，实际情况下即使有相同的背景，也达不到最大可承载人口，最大可承载人口是将各种其他背景因素均理想化之后，只考虑水资源的约束条件而提出的。

　　模糊综合评判方法　　模糊综合评判方法是将水资源承载力评价视为一个模糊综合评价过程，它是在对影响水资源承载力的各个因素进行单因素评价的基础上，通过综合评判矩阵对其承载力作出多因素综合评价。该方法克服了背景分析法承载因子间相互独立的局限性，从而可以较全面地分析出水资源承载力的状况，但模糊综合评判是一种对主观产生的离散过程进行综合的处理，其方法本身也存在明显缺陷，取大取小的运算法则会使大量有用信息遗失，导致模型利用率低。当评价因素越多，遗失的有用信息就越多，信息利用率越多，误判可能性也就越大。

主成分分析法　主成分分析法的原理是利用数理统计的方法找出系统中的主要因素和各因素的相互关系，然后将系统的多个变量（或指标）转化为较少的几个综合指标的一种统计分析方法。具体操作是首先将高维变量进行综合与简化，同时确定各个指标的权重，通过矩阵转换和计算，将多目标问题综合成单指标形式，将反应系统信息量最大的综合指标确定为第一主成分，其次为第二主成分，依次类推。主成分的个数一般按所需反映全部信息量的百分比来确定。其缺点一方面在于评价参数的分级标准的选定和对主成分的取舍上，另一方面主成分是多维目标的单指标复合形式，因此其物理概念不明确，难以在经济活动中选择合适的控制点。对于区域水资源系统来说，由于主成分是单纯原始变量的线性组合，因此很难分析其技术经济含义。

多目标决策法　多目标决策法是选取能够反映水资源承载力的人口、社会经济发展以及资源环境等若干指标，根据可持续发展目标，不追求单个目标的优化，而追求整体最优。利用多目标决策模型，可以将水资源系统与区域宏观经济系统作为一个综合体考虑，全面研究水资源开发利用与人口、社会经济发展以及资源环境间的动态联系。但该方法也存在一定的不足之处，如对决策因子的权重的确定的方法多为主观判断方法，其结果客观性较差。

④土地资源承载力

土地资源人口承载力指"在一定生产条件下土地资源的生产能力和一定生活水平下所承载的人口限度"。主要分析方法包括土地人口承载力法、生态足迹法、光合潜力衰减法、迈阿密模型、与蒸散量有关的模型和农业生态区域法等。

土地人口承载力　计算土地人口承载力分为两大步骤：一是测算出土地的生产潜力；二是测算出人均粮食需求量。在测算出土地生产潜力和人均粮食需求量的基础上依据土地生产力模型推算出土地承载量。进而通过人口承载比（SR）来反映某一区域土地人口承载潜力的大小。该方法比较简单，一般均可应用。

生态足迹　生态足迹（Ecological Footprint，EF）是一种基于土地利用的生态承载力分析方法，主要是通过比较一个特定区域内部土地的产出能力（这里的土地产出包括可再生资源、不可再生资源的产出以及废物消纳能力的总和），即生态承载力和区域内特定人口的消费能力是否守恒来判断该区域的可持续发展状态。该方法多适用于"海岛"等相对独立空间的土地资源承载力分析。

光合潜力衰减法　光合潜力把光照作为唯一考察的因素，而其他因素，如温度、水分、土壤，都不起任何限制作用。因此光合潜力衰减法在光合潜力的基础上，进而根据温度、水分、土壤等各方面的因素进行不同程度的衰减，来估算农业生产潜力。

迈阿密模型 该模型认为陆地上的生物生产力受温度和水分制约，由此建立气象因子和生物产量的相关系数。迈阿密模型的优点是可以利用常规气象观测资料进行估算，方便易行。但是模型过于简单，只考虑单因子（年平均气温或年平均降水量），没有综合考虑环境气候因子的影响，实际计算时会出现较大误差。以往有很多学者利用这一方法对不同地区的作物生产力进行了计算，但是由于这种方法的内在缺陷，现在已经较少采用在实际计算当中了。

与蒸散量有关的模型 把蒸散量与生物生产力相联系在理论上有重要意义。此类模型中比较有影响的有里斯模型（Lieth Model）、杜允波斯模型（Doorenbos Method）和瓦赫宁根模型（Wageningen Method）。该方法的实际蒸散量的资料很难取得。

农业生态区域法 农业生态区域法是联合国粮农组织对一些发展中国家进行土地承载力研究时使用的方法。这种方法包括土地资源清查、农作物最大单产潜力估算、作物适宜性分析以及土地生产潜力的估算 4 个方面的内容。农业生态区域法除了具有一般综合模式的优点外，还比较全面地考虑了影响作物生长发育气候因素，所用的气候指标都是常规气象观测的数据，并且所用的参数可以根据作物的特点进行调整，用于大面积的作物生产力计算比较容易。

⑤能源承载力

20 世纪 70 年代爆发的"石油危机"使得各国学者关注能源问题的研究，将各种建模方法引入能源系统的研究当中。随着中国对能源需求量的不断增长，对能源的关注也更加迫切。能源承载力的研究方法主要包括能源弹性系数法、时间序列分析法和灰色预测法等。

能源弹性系数法 能源弹性系数法是根据国内生产总值增长速度与能源消费增长之间的关系来预测能源需求总量。它把能源消费量与经济增长定量地表示出来，以考察两者关系的一般发展规律，并以此来分析未来能源需求。应用弹性系数法作为能源需求预测的手段，是根据历史上能源消费及其影响因素的统计数据，进行回归分析和找出合适的回归方程及其回归系数，以此回归方程为基础，对未来的能源需求进行预测。能源弹性系数法存在一定局限性，它仅仅是一个经验数据，不能准确地反映实际情况。

时间序列分析法 时间序列分析法以研究对象的历史时间序列数据为基础，运用一定的数学方法使其向外延伸，来预测其未来的发展变化趋势。在预测能源需求时，是在过去能源消费增长的基础上进行趋势外推。具体包括简单时序平均数法、加权时序平均数法、移动平均法、加权移动平均法、趋势预测法、指数平滑法、季节性趋势预测法和市场寿命周期预测法等。上述几种方法虽然简便，能迅速求出预测值，但由于没有考虑整个社会经济发展的新动向和其他因素的影响，所以准确性较差。应根据新的情况，对预测结果作必要的修正。

回归分析法　能源需求与各种影响因素之间存在着一种客观存在的依存关系，但这种关系不是函数关系，而是一种不严格、不确定的关系，这种关系被称为相关关系。回归分析正是解决此类问题的一个典型方法。回归模型方法简便实用，它不但可以对能源需求进行预测，还可以在影响能源需求的诸因素中，利用相关检验确定最主要的影响因素，从而简化模型，突出主要矛盾。

投入产出法　投入产出法是编制棋盘式的投入产出表和建立相应的线性代数方程体系，构成一个模拟现实的国民经济结构和社会产品再生产过程的经济数量模型，综合分析和确定国民经济各部门间错综复杂的联系和再生产的重要比例关系。它既可以作为综合统计分析和计划综合平衡的重要工具，也是进行能源需求预测的一种方法。应用投入产出分析法进行能源需求预测，需要具有一份实物型投入产出表。

部门分析法　部门分析法是根据能源消费量和经济增长速度之间的关系，直接预测一定经济增长速度和能源利用率下，各部门的能源需求量的一种方法。该方法将国民经济分成若干部门，分别计算各个部门的能源需求量，然后加总，得到能源需求总量。部门分析法部门划分越细，预测的准确率就越高；反之，则越低。

协整理论　协整理论从分析时间序列的非平稳性着手，探求非平稳经济变量间蕴涵的长期均衡关系，可以避免多数时间序列线性回归可能产生所谓的"伪回归"，以及差分后序列建模导致的长期调整信息的丢失。协整理论把时间序列分析中短期动态模型与长期均衡模型的优点结合起来，充分提取长期与短期信息，为非平稳时间序列的准确建模提供了很好的解决方法。

情景分析法　情景分析法是从未来社会发展的目标情景设想出发，来构想未来的能源需求，这种构想可以不局限于目前已有的条件限制，允许人们首先考虑未来希望达成的目标，然后再来分析达成这一目标所要采取的措施和可行性。情景分析是一种融定性分析与定量分析于一体的分析方法。它既承认系统未来的发展有多种可能性，同时又承认人在未来发展中的主观能动作用。而且特别注意对系统发展起重要作用的关键因素及其协调一致性的分析。该方法主要用于处于不确定环境下，系统的中长期的情景状态预测。

5.2.4　环境保护总体规划的预测方法

环境预测是指对规划对象相关的社会、经济、环境要素的发展趋势进行科学的推断。科学、有效的预测是对环境进行合理评价及规划的基础，是环境保护总体规划编制中最重要的部分。

（1）回归预测方法

环境系统内部各部分之间常存在某种因果关系，如产品产量的增加常导致污染物排放量的增加，交通流量的增加会使公路沿线噪声污染加重等。这种因果关系往往无法用精确的理论模型进行描述，只有通过对大量观测数据的统计处理，才能找到它们之间的关系和规律。回归分析就是通过对观测数据的统计分析和处理，确定事物之间相关关系的方法。根据回归模型的线性特征，回归预测可分为线性回归预测和非线性回归预测。

①线性回归预测

根据回归模型中自变量的数量，回归模型可以分为一元回归模型和多元回归模型。这里主要介绍多元回归模型，一元回归模型可以看做多元回归模型的特例。多元回归模型的数学模型为将预测对象和各影响因素表示为线性关系，对于各因素的参数进行估计和检测，参数估计方法包括点估计、矩估计、最大似然估计和最小二乘估计等，多元回归中通常选用最小二乘估计。参数检验方法包括相关系数检验、F 检验、t 检验、DW 检验和共线性诊断等。

②非线性回归预测

环境系统内部各事物之间关系错综复杂，有时线性关系难以描述，在这种情况下，可以考虑采用非线性回归模型。当因变量和自变量之间的关系为曲线形式时，称它们之间的关系为非线性关系，所建立的模型为非线性模型。与线性回归类似，依据自变量的数量可以将非线性回归模型分为一元函数曲线模型和多元函数曲线模型。计算中通常先将非线性模型转化成线性模型，然后利用线性模型的统计学方法进行参数估计和检验。

回归分析法是从环境系统内部各组成之间的因果关系入手，建立回归模型进行预测的方法，因此适用于大量观测数据的处理。但对于影响因素错综复杂或有关影响因素的数据无法得到时，因果回归的方法就不再适用。

（2）时间序列平滑预测

时间序列分析法是依据预测对象过去的统计数据，找到其随时间变化的规律，建立时序模型，进而推断未来数值的方法。

①一次指数平滑法

指数平滑法假定：未来预测值对过去已知数据有一定关系，近期数据对预测值的影响较大，远期数据对预测值的影响较小，影响力呈几何级数减少。因此，该法以本期实际值和上期指数平滑值的加权平均值作为本期指数平滑值，并将其作为下一期预测值。其中平滑常数 α 的选择直接影响过去各期观察值的作用。实际应用中该常数的值是通过实验比较确定的。如何选择 α 的值及合理评价预测结果是指数平滑法的关键。

②二次指数平滑法

当时间序列呈直线趋势时，为了提高指数平滑对时间序列的吻合程度，可在第一次指数平滑的基础上，再进行一次平滑，即二次指数平滑。其目的不是直接用于预测，而是用来修正一次指数平滑值的滞后偏差。二次指数平滑对原时间序列进行了两次修匀，因此更能消除原序列的不规则变动和周期性变动，使序列的长期趋势更加明显。

③三次指数平滑法

主要介绍布朗三次指数平滑法。布朗三次指数平滑法是在二次指数平滑的基础上再做一次指数平滑，然后用平滑值建立预测模型的方法。布朗三次指数平滑法主要用于非线性时间序列的预测。二次指数平滑法与三次指数平滑法预测模型的有效性检验同一次指数平滑法相同。

（3）时间序列分析方法

时间序列分析方法，又称博克斯—詹金斯法或 ARMA 方法。它将预测对象随时间变化形成的序列看做一个随机序列、一种依赖时间的一簇随机变量。这一簇随时间变化的数字序列，可以用相应的数学模型加以近似描述，能更本质地认识到其中的内在结构和复杂特性，达到最小方差意义下的最佳预测。目前有许多软件可以进行时间序列的分析，如 S-plus、TSP、Eviews 和 SAS 等。

利用 ARMA（p，q）进行系统建模，要求序列必须为平稳非白噪声，因此在建模之前需对数据进行平稳性检验和纯随机性检验。但对于 ARMA 方法，这种有效模型并不是唯一的，可采用 AIC 准则用于模型阶数的确定和模型的优化。

（4）马尔科夫预测

马尔科夫法是将时间序列看做一个随机过程，通过对事物不同状态的初始概率和状态之间转移概率的研究，确定状态变化趋势，以预测事物的未来的一种方法。在环境事件的预测中，被预测对象所经历的过程中各个阶段（或时点）的状态和状态之间的转移概率是最为关键的。

第 k 个时刻（时期）的状态概率预测 如果某一事件在第 0 个时刻（或时期）的初始状态已知，就可以求得它经过 k 次状态转移后，在第 k 个时刻（时期）处于各种可能的状态的概率，从而得到该事件在第 k 个时刻（时期）的状态概率预测。

终极状态概率预测　经过无穷多次状态转移后所得到的状态概率称为终极状态概率，或称平衡状态概率。终极状态概率是用来预测马尔科夫过程在遥远的未来会出现的趋势的重要信息。

马尔科夫预测法的基本要求是状态转移概率矩阵必须具有一定的稳定性。因此，必须具有足够多的统计数据，才能保证预测的精度与准确性。换句话说，马尔科夫预测模型必须建立在大量的统计数据的基础之上。

（5）灰色系统理论

环境的灰色预测就是基于灰色建模理论，即在 GM（1，1）模型基础上进行的预测，它通过 GM（1，1）模型去预测某一序列数据间的动态关系。按照其预测问题的特征可分为 4 种基本类型，即数列预测、灾变预测、拓扑预测和系统预测。

数列预测　数列预测是对系统行为特征值（与系统的某种行为相关的数值）大小的发展变化进行预测，称为系统行为数据列的变化预测，简称数列预测。其特点是：对行为特征量进行等时距的观测，预测它们在未来时刻的值。一般地，预测模型的精度检验可查。灰色预测常用的修正方法有残差序列建模法和周期分析法两种。

灾变预测　灾变是指由于系统行为特征量超过某个阈值（界限值），而使得系统的活动产生异常后果的现象。灾变预测即是对这种异常在未来可能出现的时间进行预测，是对异常出现时刻的预测。灾变预测分年灾变预测和季节灾变预测，年灾变预测是对灾变所发生年份的预测，季节灾变预测则是对灾变发生在一年中某个特定时区的预测。

拓扑预测　拓扑预测即图形的预测，又称波形预测。它从系统运动变化的现有波形曲线出发来预测系统未来运动变化的图形，一般在原始数据列摆动幅度大而且频繁的情况下应用。预测的原理与灾变预测类似，可以看做是灾变预测多次进行后的组合。

系统预测　前 3 种预测都是对系统中某一个变量变化情况的预测，而系统预测则是对系统中的数个变量变化情况同时进行的预测，既预测这些变量间的发展变化关系，又预测系统中主导因素所起的作用。在系统预测中不但要用到 GM（1，1）模型，还要使用 GM（1，N）模型[一阶多（N）变量的灰色模型]。GM（1，1）模型是各类预测中最常用的一种灰色模型，具有要求样本数据少、原理简单、运算方便、短期预测精度高和可检验等优点。它是由一个只包含单变量的一阶微分方程构成的模型，是 GM（1，N）模型的特例。用 GM（1，1）模型对动态数据进行处理，结果的稳定性较难保证。

（6）系统动力学方法

系统动力学（System Dynamics）是以反馈理论为基础，以数学计算机仿真技术为手段，通过对系统各组成部分和系统行为进行仿真，研究复杂系统的行为的环境保护总体规划。由于其对复杂非线性问题强大的处理能力，目前已经在环境规划、战略环境评价等环境科学领域广泛应用。

系统动力学模型的目的在于研究系统的问题，加深对系统内部反馈结构与其动态行为关系的研究与认识，并进行改善系统行为的研究。从建模初始阶段，模型研制者就应关心模型结果的最终被应用与实施问题。

系统动力学解决问题的主要步骤　系统动力学解决问题的主要步骤分为四步。系统分析是用系统动力学解决问题的第一步，其主要任务在于分析问题，剖析要因。第二步为系统的结构分析，主要任务在于处理系统信息，分析系统的反馈机制。第三步在系统分析和结构分析的基础上，根据各系统演化行为、反馈关系建立相应的方程和模型。第四步在系统建模、参数估计、参数矫正、灵敏度分析之后，以系统动力学的理论为指导进行模型模拟与政策分析，更深入地剖析系统；寻找解决问题的决策，并尽可能付诸实施，取得实践结果，获取更丰富的信息，发现新的矛盾与问题；修改模型，包括结构与参数的修改，模型的检验与评估。这一步骤的内容并不都是放在最后一起来做的，其中相当一部分内容是在上述其他步骤中分散进行的。

DYNAMO 语言及系统动力学仿真软件　DYNAMO 是系统动力学仿真的基础语言。目前流行的根据 DYNAMO 语言编写的系统动力学仿真软件主要有 Pd-plus，Vensim 和 Stelia。其中，Pd-plus 是基于 DOS 界面的仿真软件，Vensim 和 Stalia 是基于 Windows 界面的仿真软件。在 Vensim 软件中，分析人员可通过直接输入或通过鼠标拖动等方式对表函数进行赋值和修改操作。

5.2.5　环境保护总体规划的总量控制技术

所谓城市污染物总量控制，是在城市边界区域范围内，通过有效的措施，把排入城市的污染物总量（包括工业、交通和生活等污染源）控制在一定的数量之内，使其达到预定环境目标的一种控制手段。实施的总量控制一般分 3 种类型：容量总量控制、目标总量控制和行业总量控制。在环境保护总体规划中，总量控制技术主要用于针对污染物排放进行总量控制的规划措施和方案的制订。

目前，污染物总量控制的规划方法包括：线性规划、整数规划、动态规划和灰色线性规划。通过线性规划方法可获得总污染源排放量最大、总污染源削减量（或削减率）最小，或削减污染物措施的总投资费用最小。通过整数规划方法可获得最佳的削减污染物的措施和方案，还可通过动态规划方法和灰色线形规划方法求得总排放量的分配问题。

（1）线性规划

线性规划是运筹学中研究较早、发展较快、应用广泛、方法较成熟的一个重要分支，它是辅助人们进行科学管理的一种数学方法，在水环境、大气环境规划中得到广泛应用。解线性规划的方法最常用的是单纯形法。单纯形法算法简便，理论成熟，且有标准的计算程序可供使用。

（2）整数规划

0-1 型整数规划　在城市污染浓度已超标的情况下，已知各排放源若干个削减污染的措施及其费用，通过 0-1 整数规划可求得在整体费用最小的情况下，每个源应选取的对应治理措施。0-1 整数规划的求解可采用隐枚举法。

混合整数规划　在城市水环境、大气环境规划中，治理措施有的可表现为连续变量，有的则是不连续的。某些点源采用脱硫装置改换除尘装置或搞集中供热等，水环境规划中有不同等级与不同方法的污水处理。这些方案要么被采用，要么不被采用，在规划模型中它们表现为 0-1 整型变量。因此，包含具体治理措施方案在内的总量控制规划是一个混合整数规划。解混合整数规划问题一般采用分支定界法。

（3）动态规划

动态规划是解决多阶段决策过程最优化的一种数学方法，是根据一类多阶段决策问题的特点，把多阶段决策问题转换为一系列互相联系单阶段问题，然后逐个加以解决。在多阶段决策问题中，各个阶段采取的决策，一般来说是与时间有关的，决策依赖于当前的状态，又随即引起状态的转移，一个决策序列就是在变化的状态中产生出来的，即为动态规划。但是，一些与时间没有关系的静态规划问题，只要人为地引进时间因素，也可把它视为多阶段决策问题，用动态规划方法去处理。

在应用动态规划方法处理"静态规划"问题时，通常以把资源分配给一个或几个使用者的过程作为一个阶段，把问题中的变量设为决策变量，将累计的量或随递推过程变化的量选为状态变量。

（4）灰色线性规划

在环境保护总体规划中，建模所用的某些参数难以精确得到，往往为一区间值，设计条件和污染源等有关数据资料不能完全反映实际情况，此时，可以采用灰色线性规划进行不确定性规划。灰色线性规划约束条件的约束值可以随着时间变化。

5.2.6 环境保护总体规划的区划技术

环境保护总体规划中，需要对规划区域划定生态环境"红线"，实行严格保护，确保区域生态安全，恢复生态系统功能。区划技术就是用于生态功能区划和环境功能区划（大气、水和声等环境要素）空间划分的技术，使规划的保护目标在空间上更加直观，界限明确。

（1）生态功能区划

生态功能区划就是在区域生态调查的基础上，分析区域生态环境的空间分布规律，明确区域生态环境特征、生态系统服务功能重要性与生态环境敏感性空间分异规律，确定区域生态功能分区。

进行区域生态功能区划的目的在于：一是为区域的产业布局、生态环境保护与建设规划提供科学依据；二是为生态系统可持续管理提供决策依据。

生态功能区划一般采用定性分区和定量分区相结合的方法进行分区划界，生态功能区划分区系统分 3 个等级。首先是从宏观上进行的生态区划，即以自然气候、地理特点与生态系统特征划分自然生态区；其次是生态亚区区划，根据生态服务功能、生态环境敏感性评价划分生态亚区；再次在生态功能区的基础上，明确关键及重要生态功能区，其中，边界的确定应考虑利用山脉、河流等自然特征与行政边界。分区所采用的方法是与区划的原则密不可分的。

地理相关法　即运用各种专业地图、文献资料和统计资料对区域各种生态要素之间的关系进行相关分析后进行分区。该方法要求将所选定的各种资料、图件等统一标注或转绘在具有坐标网格的工作底图上，然后进行相关分析，按相关紧密程度编制综合性的生态要素组合图，并在此基础上进行不同等级的区域划分或合并。

空间叠置法　以各个分区要素或各个部门的和综合的分区（气候区划、地貌区划、植被区划、土壤区划、农业区划、工业区划、土地利用图、林业区划、综合自然区划、生态地域区划、生态敏感性区划和生态服务功能区划等）图为基础，通过空间叠置，以相重合的界限或平均位置作为新区划的界限。在实际应用中，该方法多与地理相关法结合使用，特别是随着地理信息系统技术的发展，空间叠置分析得到越来越广泛的使用。

主导标志法　该方法是主导因素原则在分区中的具体应用。在进行分区时，通过综合分析确定并选取反映生态环境功能地域分异主导因素的标志或指标，作为划分区域界限的依据。同一等级的区域单位即按此标志或指标划分。用主导标志划分区界的同时，还需用其他生态要素和指标对区界进行必要的订正。

景观制图法　本法是应用景观生态学的原理编制景观类型图，在此基础上，按照景观类型的空间分布及其组合，在不同尺度上划分景观区域。不同的景观区域其生态要素的组合、生态过程及人类干扰是有差别的，因而反映着不同的环境特征。

定量分析法　针对传统定性分区分析中存在的一些主观性、模糊不确定性缺陷，近来数学分析的方法和手段逐步被引入到区划工作中，如主分量分析、聚类分析、相关分析、对应分析、逐步判别分析等一系列方法均在分区工作中得到广泛应用。

上述分区方法各有特点，在实际工作中往往是相互配合使用的，特别是由于生态系统功能区划对象的复杂性，随着 GIS 技术的迅速发展，在空间分析基础上将定性与定量分析相结合的集成方法正在成为工作的主要方法。

（2）大气环境功能区划

大气环境功能区是因其区域社会功能不同而对环境保护提出不同要求的地区，应由当地人民政府根据国家有关规定及城乡总体规划，划分为一、二、三类大气环境功能区。各功能区分别采用不同的大气环境标准，来保证这些区域社会功能的发挥。在划分大气环境功能区时应科学、合理，充分考虑规划区的地理、气候条件等。对不同的功能区实行不同大气环境目标的控制对策，有利于实行新的环境管理机制。

大气环境功能区是不同级别的大气环境系统的空间形势，各种地域上大气环境的系统特征是大气环境功能区的内容和性质。大气环境功能区划涉及的因素较多，采用简单的定性方法进行划分，不能很好地揭示出城市大气环境的本质在空间上的差异及多因素间的内在关系。划分大气环境功能区的方法一般有：多因子综合评分法、模糊聚类分析法、生态适宜度分析法及层次分析法等。

（3）水环境功能区划

水环境功能区划是水资源合理开发利用与有效配置的重要手段，也是环境容量计算，实施总量控制，进行区域水环境质量评价的重要依据，是水资源与水环境目标管理、分类管理的基础；合理的区划有利于产业发展、城市建设与人口布局优化，有利于规避与周边地区水污染冲突。

我国的水环境功能区是根据《地表水环境质量标准》（GB 3838—2002）来进行划分的，依据地表水水域环境功能和保护目标，按功能高低依次划分为 5 类。水域功能类别高的标准严于水域功能类别低的标准值。同一水域兼有多类使用功能的，执行最高功能类别对应的标准值。

（4）声环境功能区划

根据《声环境质量标准》（GB 3096—2008）中适用区域的定义，结合区域建设的特点来划分环境噪声功能区。

5.2.7　环境保护总体规划的决策技术

环境保护总体规划决策问题涉及环境、经济、政治、社会、技术等多种因素。目前，常用的环境决策技术包括：确定型决策、风险型决策、不确定型决策和多目标决策。

（1）确定型决策

确定型决策是指只存在一种完全确定的自然状态的决策。确定型决策问题必须具备以下 4 个条件：一是存在一个明确的决策目标；二是存在一个明确的自然状态；三是存在可供决策者选择的多个行动方案；四是可求得各方案在确定状态下的损益值。

确定型问题的决策方法有很多，如线性规划、非线性规划、动态规划等方法，都是解决确定型决策问题常用数学规划方法。

（2）风险型决策

风险型决策也称随机型决策，是决策者根据几种不同结果的可能发生概率所进行的决策。一般包含以下条件：存在着决策者希望达到的目标；存在着两个或两个以上的方案可供选择；存在着两个或两个以上不以决策者主观意志为转移的自然状态；可以计算出不同方案在不同自然状态下的损益值；在可能出现的不同自然状态中，能确定每种状态出现的概率。常用的风险型决策法包括决策树分析方法、主观概率决策及贝叶斯决策等。

决策树分析方法　决策树分析方法是指以树状图形作为分析和选择方案的一种图解决策方法。其决策依据是各个方案在不同自然状态下的期望值。

主观概率决策及贝叶斯决策　有些决策问题只能由决策者根据他对这事件的了解去确定。这样确定的概率反映了决策者对事件出现的信念程度，称为主观概率。主观概率论者不是主观臆造事件发生的概率，而是依赖于对事件做周密的观察，去获得事前信息。主观概率法一般可分为直接估计法和间接估计法。贝叶斯决策是在对信息了解不充分的情况下，决策者通过调查或试验等途径获得信息来修正原有决策的方法。主要分为两步：先由过去的经验或专家估计获得将发生事件的事前概率；根据调查或试验计算得到条件概率。

（3）不确定型决策

在环境管理与规划中，往往涉及社会、经济、自然等多方面要素，且关系复杂，只能了解事物可能出现的几种状态，无法确定这些事件的各种自然状态发生的概率，这类决策问题就是不确定型决策。

不确定型决策准则包括乐观决策法、悲观决策法、折中决策法、后悔值决策法和等概率决策法等。这五种准则都具有以下 4 个共同点，即都存在着一个明确的决策目标；存在着两个或两个以上随机的自然状态；存在着可供决策者选择的两个或两个以上的行动方案；可求得各方案在各状态下的决策矩阵。

（4）多目标决策分析方法

所谓多目标决策问题是指在一个决策问题中同时存在多个目标，每个目标都要求其最优值，并且各目标之间往往存在着冲突和矛盾的一类决策问题。最常用的多目标问题的分类方法是按决策问题中备选方案的数量来划分。一类是多属性决策问题，这一类问题求解的核心是对各备选方案进行评价后，排定各方案的优劣次序，再从中选优。另一类是多目标决策问题，求解这类问题的关键是向量优化，即数学规划问题。

基于决策矩阵的多属性决策　各方案的决策属性值可列成一个决策矩阵，或称属性矩阵。决策矩阵提供了分析决策问题所需的基本信息，各种数据的预处理和求解方法都以此为基础。

层次分析法　层次分析法是一种定性与定量相结合的决策分析方法。它是一种将决策者对复杂系统的决策思维过程模型化、数量化的过程。

DEA 方法　数据包络分析方法（data envelopment analysis），是一种针对多指标投入和多指标产出的相同类型部门之间的相对有效性进行综合评价的方法，也是一种多属性决策的常用方法。C^2R 模型是最基本的 DEA 模型，用 C^2R 模型评价特定决策单元的有效性，是相对于其他决策单元而言的，故称为评价相对有效性的 DEA 模型。

目标规划　目标规划的基本思路为对每一个目标函数引进一个期望值。由于这些目标值不能都同时达到，因而引入正、负偏差变量，表示实际值和目标期望值之间的偏差，引入目标的优先等级和权系数，构造出一个新的单一目标函数，从而将多目标问题转化为单目标问题进行求解。

5.2.8　环境保护总体规划的城市可持续发展评判技术

环境保护总体规划编制的核心理论之一就是可持续发展理论，它贯穿整个规划的始终，是规划的核心思想。为实现城市可持续发展目标，需要协调经济、社会、资源与环境四者之间的关系，使整个大系统持续、健康、稳定发展。

（1）可持续发展的指标体系

联合国可持续发展委员会（UNCSD）创建了可持续发展指标体系。该体系创建于 1996 年，由社会、经济、环境和制度四大系统按驱动力（driving force）、状态（state）、响应（response）模型设计的含 25 个子系统、142 个指标构成，是目前较有影响且得到广泛应用的可持续发展评价工具。

（2）能值分析法

能值理论是以太阳能值为统一度量标准，在能量生态学、系统生态学、生态工程学及经济生态学的基础上，通过能量系统分析建立起来的一种理论模型。目前能值理论已经广泛用于评价区域生态经济系统的可持续性。

（3）生态足迹评价法

生态足迹的账户模型是主要用来计算在一定的人口和经济规模条件下，维持资源消费和废弃物吸收所必需的生物生产土地面积。该模型能判断一个国家或地区的发展是否处于生态承载力的范围内，是否具有安全性。

（4）模糊集合评判

美国自动控制专家查德教授于 1965 年首先提出模糊集合理论，将元素与集合的关系用隶属度进行刻画，隶属度可以理解为元素属于某一集合的程度。从而将普通数学中的二值逻辑关系的{0，1}集合扩展为区间[0，1]上的连续取值。通过假定决定事物的因素个数，然后构建因素集，再设所有判定等级的个数，最后根据公式构成评价集。

5.2.9　环境保护总体规划的城市循环经济的构建技术

环境保护总体规划应该以控制污染，促进废弃物"减量化、再使用、再循环"为目标。循环经济的构建技术可为环境保护总体规划措施和方案的制订提供更加科学、有效的方法。

（1）循环型城市物质代谢分析

物质代谢分析主要分析在经济系统中物质和能量的流动，是循环经济研究的一个重要领域。现阶段国际上对于定量分析物质代谢效应的方法主要有 4 种：物质流分析（Materials Flow Analysis，MFA）、能量流分析（Energy Flow Analysis，EFA）、人类占用的净初级生产量（Human Appropriation of Net Primary Production，HANPP）和生态足迹（Ecological Footprint，EF）。其中，物质流分析是指在一定时空范围内关于特定系统的物质流动和贮存的系统性分析，目的是对社会生产和消费领域的物质流动进行定量和定性分析，了解和掌握整个经济体系中物质的流向、流量，评价和量化经济社会活动的资源投入、产出和资源利用效率，找出降低资源投入量、减少废物排放量，提高资源利用率的方法。

（2）投入产出分析

投入产出分析方法是一种静态建模方法，主要用于城市宏观经济系统的各个部门的经济货币流的相互作用的模型。可将其应用于循环经济系统模型中,通过物质流系统和相应的物质流矩阵,来追踪直接流和间接流的路径。

通过某一过程流向特定过程的流量占这个特定过程的总流量的比例,可以得到循环经济系统的过程流系数矩阵。进而可以建立代表该系统过程间关系的循环经济系统的结构矩阵。

(3)清洁生产潜力分析

建立清洁生产潜力模型旨在从宏观层次上评估或预测实施清洁生产的效果。旨在从宏观层次上评估或预测实施清洁生产的效果。该模型以行业清洁生产标准为评价和分析的基础,以行业清洁生产标准的不同级别为参照系,计算出以清洁生产为导向的不同经济增长模式下污染物的产生量,与该行业的污染物产生基准值进行比较,污染物产生量差值就是该污染物产生量的削减潜力。该模型可用于对清洁生产的回顾性评价和分析,也可用于对未来清洁生产潜力的预测和评估。

5.2.10 环境保护总体规划的效益评估方法

费用效益分析又称效益费用分析、经济分析、国民经济分析或国民经济评价。费用效益分析最初是作为国外评价公共事业部门投资的一种方法而发展起来的,后来这种方法作为评价各种项目方案的社会效益的方法而得到广泛的应用。费用效益分析是环境经济分析的基本方法。环境保护总体规划的费用效益分析主要是对规划范围所涉及的要素进行费用和效益的评估,比较评估结果,完善规划方案。评估难点是选择评估的方法和评估参数。

(1)效益评估方法

效益的构成主要包括直接经济效益、生态环境效益和社会效益。环境保护总体规划所带来的环境效益多是由于规划项目的实施减少的环境损害,所以环境效益的估算可以根据规划项目实施前带来的损害进行考虑。在评估环境效益时最常用的方法是根据环境介质的分类逐个分析评估。

(2)费用评估方法

费用主要包括投入费用、运行费用、直接经济损失和生态环境污染损失。环境保护总体规划所包含的内容很多,有大气污染控制和水污染控制等,为了便于描述,可以将规划所产生的费用按环境介质进行归类统计,然后用不同估算方法,来估算所产生的相应费用。

(3)费用效益分析综合评价方法

在环境保护总体规划中,对环境费用和效益进行比较评价,通常采用的是净效益、效费比和内部收益率等方法。

第6章　环境保护总体规划编制

环境保护总体规划编制是一个动态的、不断反馈和协调的过程，包括任务下达、编制、上报审批的全过程。环境保护总体规划编制程序包括：接受任务与组织机构的确定—规划大纲制定—规划成果—规划审查与审批。环境保护总体规划的对象是复合生态系统，其组成结构及生态关系是复杂多样的，又具有动态的、模糊的、不确定的特点，完全应用以往传统的方法难以达到环境保护规划的目标。随着生态学、环境规划学及其他相关学科的发展，环境保护规划也逐渐发展和形成一套将定量分析与定性分析、客观评价与主观感受、硬方法与软方法相结合的环境综合方法论。在环境保护总体规划过程中，理论体系及工作程序都需要技术方法的支持，对于不同区域的环境保护规划，其编制程序及技术方法的选择与应用是关键环节，因此，环境保护总体规划技术方法的选择对规划方案的生成起着重要作用。

6.1　环境保护总体规划编制的工作程序

6.1.1　接受任务与机构组织确定

由所在地环境保护行政主管部门根据上级主管部门要求向当地政府提出申请，申请中应包括编制工作方案。工作方案应包括规划编制领导小组办公室，一般办公室应设在当地环境保护主管部门。同时工作方案中还应有编制任务要求、主要目标、时间进度、经费等。申请经当地政府批准后，所在地环保主管部门应组织规划编制组。规划编制组一般分为领导组、协调组和技术组，人员由熟悉规划对象的专家，具有一定环境学素养以及规划理论、环境工程和经济学知识的科技人员以及有关规划、计划管理部门以及对规划地域或领域具有决策权和协调能力的部门领导人担任指导。

机构组织确定后，规划编制组应开展前期工作。

首先，应当对现行环境保护规划的实施情况进行总结，对环境质量现状、环境容量、现有的环境保护措施、基础设施建设等方面在改善环境质量方面的效益做出客观、准确的评价；针对现状存在问题和面对的新形势，从保障"社会—经济—环境"可持续发展的角度出发，着眼于区域统筹和城乡统筹，对环境保护目标、城市空间布局等战略问题进行前瞻性研究，作为环境保护总体规划编制的工作基础。

其次，在前期研究的基础上，按规定提出进行编制工作的报告，经同意后方可组织编制。其中，组织编制直辖市、省会城市、人口在 100 万以上的城市以及国务院指定市的环境保护总体规划的，应该向国务院环境保护主管部门提出报告；组织编制其他市的环境保护总体规划的，应当向上一级人民政府环境保护主管提出报告。

再次，编制工作报告审查通过后，组织编制环境保护总体规划纲要，规划纲要按规定提请审查。其中，组织编制直辖市、省会城市、人口在 100 万以上的城市以及国务院指定市的环境保护总体规划的，应当报请国务院组织审查；组织编制其他市的环境保护总体规划的，应当报请上一级人民政府组织审查。

最后，依据审查意见，组织编制环境保护总体规划成果（含规划文本、规划文本说明、规划图集和各专项专题规划）。

6.1.2　规划成果的编制

环境保护总体规划的编制是由专门的技术队伍（规划编制组）进行的，这是规划编制的主要阶段。

首先，在环境保护总体规划的编制中，对于涉及污染控制、自然生态体系建设、环境风险防范、环境容量确定等重大专题，应当在城市人民政府组织下，由相关领域的专家领衔进行研究。

其次，在环境保护总体规划的编制中，应当在城市人民政府组织下，充分吸取政府有关部门和军事机关的意见。对于政府有关部门和军事机关提出意见的采纳结果，应当作为环境保护总体规划报送审批材料的专题组成部分。

再次，在环境保护总体规划报送审批前，城市人民政府应当依法采取有效措施，充分征求社会公众的意见。对有关意见采纳结果应当公布。

6.1.3　规划审查与审批

环境保护总体规划的审查和审批是整个规划编制的有机组成部分，是沟通上下级思想、统一认识、协调环保部门与其他部门之间关系的过程，是将规划方案变成实施方案的过程。环境保护总体规划的申报审批采取自上而下、由下而上、上下结合，既有民主，又有集中，协调协商的原则。具体程序如下：

报请审查 组织编制直辖市、省会城市、人口在 100 万以上的城市以及国务院指定城市的环境保护总体规划的，应当报请国务院环境保护主管部门组织专家审查；组织编制其他市的环境保护总体规划的，应当报请上一级人民政府环境保护主管部门组织专家审查。

报请批准 组织编制直辖市、省、自治区人民政府所在地市、人口在 100 万以上的城市以及国务院指定的城市，其环境保护总体规划经直辖市、省、自治区人民政府及所在地人大常委会审议通过后，报国务院批准；组织编制其他市的环境保护总体规划，应当经所在地人大常委会审议通过后，报上一级人民政府批准。

城市环境保护总体规划编制的工作程序，见图 6-1。

6.2 环境保护总体规划的编制要求

环境保护总体规划是环境保护工作纲领性文件，侧重于提出环境质量目标、环境容量、环境建设与管理等指标，确定环境整治和保护的重点项目和重点地区，制定相应的环境保护政策。通过总体规划的编制，做到历史和现状的衔接、经济社会和环境保护的衔接（即"两个衔接"）；实现国家和省宏观战略与地方具体情况的结合、其他相关规划与环保规划的结合（即"两个结合"）；切实做到规划与地方的发展需求相符合，与国家对地方发展的要求相符合（即"两个符合"）。以此推进社会经济活动持续、有序、健康地发展，使环境保护走出一条可持续发展的新路。

6.2.1 指导思想

编制环境保护总体规划，应当贯彻落实科学发展观，坚持节约资源和保护环境的基本国策，紧密结合自然以及国民经济和社会发展的要求，依据生态规律和地学原理，对市域范围内各系统要素和结构所进行的有目的、有计划的宏观战略安排，使城乡的环境与社会经济协调发展。

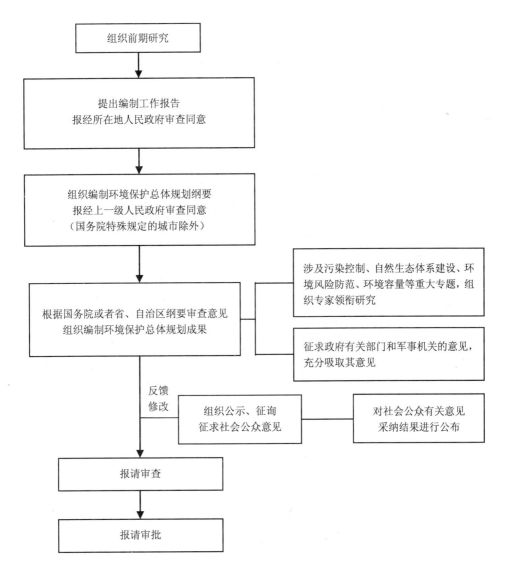

图 6-1　环境保护总体规划组织编制流程

6.2.2　编制原则和依据

规划编制要坚持"借鉴消化，集成创新；自然和谐，改善环境；分类指导，突出重点；完善机制，体现特色"的原则。在"全域和全局、分区和分段"的层面分析基础上，通过总结、汇总、集成、创新的规划思路，逐步实现环境保护规划的全覆盖，促进环境保护工作的短期效应与长效机制的有机结合。

规划编制依据是国家、地方颁布实施的法律、法规以及重要政策性文件等。

6.2.3 编制期限

环境保护总体规划的编制期限一般为 15～20 年，同时应当对城市环境保护远景发展做出轮廓性的规划安排。近期建设规划是环境保护总体规划的重要内容，在各专项专题规划中要专段表述，对近期的环境质量目标和主要建设项目要做出安排，近期规划期限为 5 年。

6.2.4 编制成果

环境保护总体规划的编制成果一般由规划文本、规划文本说明和规划图集组成。其中专题规划是规划文本和规划文本说明的主要内容。

（1）规划文本

规划文本一般分为总则和专项及专题规划。总则主要说明本次规划的依据、原则、指导思想、规划年限、规划范围、规划目标和综合指标体系。专项规划和专题规划主要表现环境要素及相关环境问题的规定性和指导性内容。

从文字详略方面来说，文本一般不讲过程，只讲结果，文本内容要简单扼要。从表现形式方面来说，文本是以条文为表现形式。从法律效力方面来说，文本经批准后具有法律效力，成为实施管理的依据。从措辞用语方面来说，文本语言确定、严谨，"可能、建议"类的词语一般不用。

（2）规划文本说明

规划文本说明一般分为总则、现状及规划等内容。文本说明就是对总体规划的详细说明书，是对文本内容的具体解释和论证。从文字的详略方面来说，文本说明要详尽阐述文本中的相关条文；从表现形式方面来说，文本说明一般以章节为主；从法律效力方面来说，文本说明与文本一起具有相同的法律效力；从措辞用语方面来说，文本说明较文本而言可以采用建议性语言。

（3）规划图集

图集是总体规划的重要组成部分，要运用地图和色彩形象地表现规划内容，要充分利用污染物普查数据把污染排放情况表现出来。图集的编制要融合先进的制图技术，发挥制图软件的自身优势。

（4）规划阶段的专项和专题规划

专项和专题规划是文本和文本说明的主要内容。从文字的详略方面来说，专项和专题规划要针对单一环境要素和环境要素间做出详细的分析、论证和阐述，纳入文本说明，其中精炼部分纳入文本。从表现形式方面来说，每个专题和专项规划需形成一份报告；从法律效力方面来说，编入环境保护总体规划的专项和专题规划具有与总体规划相同的法律效力。

6.2.5　编制单位

规划编制单位应当是具备相应的编制资格，应当严格依据法律、法规的规定编制环境保护总体规划，提交的规划成果应当符合国家和部门的有关标准。编制单位对编制质量成果负责，国务院环境保护主管部门应制定规划资质管理规定，以规范编制单位有序健康发展。

6.3　环境保护总体规划的编制内容

6.3.1　总体规划编制工作报告

环境保护总体规划编制工作报告的内容包括：总结以往的环境保护工作经验；提出现状存在的问题和未来面临的新形势；分析编制环境保护总体规划的必要性和意义；提出编制规划的组织机构、时间要求及经费估算等。

6.3.2　总体规划纲要

编制环境保护总体规划之前，应当先组织编制总体规划纲要，研究确定环境保护总体规划中的重大问题，明确工作重点和规划导向。一般要经过分析、构思、协调、论证、比选、修改、反馈等工作过程。

（1）**具体内容**

环境保护总体规划纲要的具体内容有：①提出环境保护与经济社会协调发展战略目标，论证编制环境保护总体规划的必要性和意义；②对现状的自然状况、社会经济状况、环境状况、总量控制目标、污染源普查数据、功能区划等因素，选取科学、合理的技术方法进行总体分析，并综合未来将要面对的机遇与挑战，进行科学合理的评估与预测；③以建设资源节约型、环境友好型社会和生态宜居城市为总体目标，原则建立规划指标体系，提出环境空气、水资源、声环境、生态环境等方面的综合目标和保护要求，提出环境功能区划等空间管制原则；④提出改善人居环境的可行的工程措施和保障机制意向。

（2）**具体过程**

环境保护总体规划纲要的具体过程：①专题论证。在调查研究的基础上，有针对性地对环境重大问题进行专题性研究。如环境承载力、环境容量、污染物总量控制等。②方案比选。编制多个方案，每个方案应有明显的不同特点，体现不同的思路和规划要求，针对环境问题中的重大矛盾和制约因素提出具体方案。③纲要审查批复。会议审查：当地人民政府组织召开专门的纲要审查会议，对规划方案和重大原则进行审查，提出明确审查意见及修改意见，形成正式会议纪要。修改方案：对审查会确定的方案和意见进行修改，由委托方报请当地人民政府或上级主管部门批复，审查批复后的纲要成为编制环境保护总体规划正式成果的依据。

6.3.3 总体规划文本

文本要表达规划的意图、目标和规划的措施，对有关内容提出的规定性要求。文本是文本说明的缩编，是文本说明的凝练和提升，是指导环境保护工作的纲领性文件，是经济社会发展、资源利用、生态环境保护以及环境可持续发展的重要依据。

环境保护总体规划的文本内容应包括：

总则 说明本次规划的编制背景、依据、原则、范围、期限、目标等。对环境保护工作现状和存在的问题做以总结，确定环境保护总体规划指标体系。

大气环境规划 针对大气污染防治的相关措施，主要包括燃煤电厂及锅炉脱硫脱硝工作、集中供热、汽车尾气污染控制、扬尘控制、能源结构调整及节能措施等。

水环境规划 针对水环境改善和保护的相关措施，主要包括污水处理厂建设、排污口综合整治、工业废水污染控制、水源地保护、节水等方面。

声环境规划 针对声环境污染控制的相关措施，主要包括交通噪声、社会区域噪声、工业企业噪声等方面。

固体废弃物处置规划 主要包括生活垃圾、一般工业固体废弃物、危险废物的处置。

辐射污染控制规划 主要包括辐射源的分类分布、辐射污染控制的目标及措施。

自然生态保护规划 就是对自然生态资源进行系统规划，并加以人为管理与限制，以保护和建立多样化的乡土生境，为区域经济社会持续发展创造自然生态基础。

产业布局与结构调整规划 根据资源环境承载能力和发展潜力，按照优化开发、重点开发、限制开发和禁止开发的不同要求对现状的产业布局和结构作以相应调整，推进园区建设，开展清洁生产。

农村环境保护规划　主要包括农村污水垃圾处置、畜禽养殖污染管理、化肥农药污染控制、村屯环境综合整治等方面。

环境风险防范措施　主要包括石油化工等具有危险隐患的企业的环境风险防范、辐射事故的环境风险防范等方面。

环境管理能力建设规划　主要包括环境监测能力、环境监察执法能力、环境科研能力等方面。

重点工程与投资估算　主要包括各类投资估算。

保障措施　主要包括法制、行政、组织、资金等保障措施。

6.3.4　总体规划文本说明

文本说明是对规划的修编过程、主要问题、规划方案编制、规划方案的评价与选择、规划成果应用等方面进行的研究。文本说明作为进行规划实施和管理的蓝本。

（1）**总则**

总则包括规划背景、主要依据、规划原则、规划期限、规划范围和规划目标。

规划目标概括阐明新的环境保护总体规划的总目标以及将要达到的主要指标，总目标需要包括三个主要方面：环境质量目标、污染污染物总量控制目标、生态环境目标。

（2）**自然和社会经济概况**

自然资源概述着重于规划区域特殊的气候、地理、生态状况等。这是规划的重要基础之一，是保证规划的适应性和针对性所必需的内容。

经济社会发展概述着重于经济发展规模、产业结构与布局、资源利用分析、科技水平、经济发展与环境的相互依赖关系、经济发展对环境的影响以及环境污染或破坏对持续性经济发展的影响等。在规划中对上述问题进行追述和概略分析，作为整个规划的重要出发点和依据。

（3）**环境现状与工作回顾**

环境质量现状：根据现有的监测和评价手段，对空气环境、水环境、声环境、固体废物、电磁辐射、土壤和生态等方面进行客观的评价。

重点环境保护工作回顾：概述过去一段时间内重点领域的环境保护具体措施、实施效果等方面的经验。

（4）**环境问题分析**

概述环境保护总体规划完成情况，包括污染控制、环境建设、完成工程项目、投资与效益、生态建设，以及完成前规划目标所存在的主要问题和困难及原因等。

（5）环境理论探讨及规划指标体系建立

环境理论探讨主要是分析环境变化趋势，预测污染物排放量，结合环境容量，提出总量控制目标。并且应用生态学原理对研究区域进行生态功能分区，在此基础上提出分区控制方案。

规划指标体系建立是在环境容量、生态分区等分析的基础上提出来的。指标体系是规划的重要内容，是对规划实施效果的考核依据。具体内容见第 8 章。

（6）专项和专题规划

规划的内容主要包括大气环境规划、水环境规划、声环境规划、固体废弃物处置规划、辐射污染控制规划、自然生态保护规划、农村环境保护规划、产业布局与结构调整规划、环境风险防范措施、环境管理能力建设规划等多个方面的规划。主要针对现状存在的问题及未来环境变化趋势，有针对性地提出可操作性强的措施项目。专项和专题规划可根据具体情况增减。

（7）重点工程与投资估算

将重点工程分为环境保障类、自然资源保障类、环境综合整治及农村环境管理类、循环经济类、环境管理能力建设类分别进行归总和投资估算的统计。

（8）环境保障体系建设

环境保障体系建设主要包括：法制保障、行政保障、组织保障、资金保障等内容，在编制时要提出完善环境保护法律法规，建立健全环境保护制度，加强管理体制建设，拓宽环境保护资金渠道等方面的切实可行的办法与措施。

6.3.5　总体规划图集

规划图集以总体规划文本内容为核心，从不同尺度、不同层次展示了规划区域的环境现状及出现的环境问题，并且科学、直观地描述了环境保护基础设施建设和规划布局等。用图像表达现状和规划设计内容，规划图纸应绘制在近期测绘的现状地形图或近期绘制的行政区划图上。

图集是规划内容的空间体现，它将规划成果形象直观地反映出来，增加了规划的空间约束力。图集不仅能从宏观上满足规划方面的要求，而且从微观上能起到规划控制红线作用，这为实现环境的空间属性奠定了基础。土地利用图、遥感图等是制作图集的基础地图，是制定规划的依据，将基础地图与生态保护区、规划要素、污染源普查等数据资料相结合，使规划图集信息量大、约束力指导性更强。

按图集内容划分，图集应该包括《生态功能区划图集》和《规划图集》两大

类。其中,《生态功能区划图集》具体包括保护区、环境功能区、生态控制区划等
图组;《规划图集》则更多强调规划的具体内容,按照环境要素展开,具体包括大
气环境、水环境、固体废物、电磁辐射、声环境、生态资源、农村环境保护、环
境风险防范和环境监测网络等图组。

6.3.6　总体规划阶段的专项和专题规划

（1）专项规划

①大气环境规划

大气环境规划就是为了平衡和协调某一区域的大气环境与社会、经济之间的
关系,以期达到大气环境系统功能的最优化,最大限度地发挥大气环境系统组成
部分的功能。在大气环境规划时,应首先对大气环境系统进行系统分析,确定各
子系统之间的关系;其次对规划期内的主要资源进行需求分析,重点分析城市能
流过程,从能源的输入、输送、转换、分配和使用各个环节中,找出产生污染的
主要原因和控制污染的主要途径,从而为确定和实现大气环境目标提供可靠保证。

大气环境现状调查与发展趋势分析　一是自然环境基础状况分析,重点分析
影响大气污染物扩散的主要气象要素的基本状况参数。二是对区域能源消费量与
能源结构进行调查,分析各类大气污染源、污染物的产生与排放情况、治理措施,
进行现状评价;环境影响结合社会经济发展,预测大气污染物排放总量以及排放
特征,分析大气环境的发展趋势,从而找出主要环境问题。三是污染源解析,弄
清各类污染源对大气环境质量的贡献程度。

划分大气环境功能区　环境功能分区是实现环境分区管理和污染物总量控制
的基础和前提。它是以环境质量的改善为目的,依据区域功能的不同,分别采用
不同的环境管理对策。大气环境功能分区是以区域环境功能分区为依据,根据区
域气象特征和大气环境质量的要求,将区域大气环境划分为不同的功能区域。

确定大气环境目标　在大气环境现状调查、预测及各功能区的功能确定基础
上,确定整个规划区域及各功能区的总量控制目标和大气环境质量目标;同时根
据大气环境污染现状、发展趋势、社会经济承受能力以及规划方案的反馈信息,
制定出各功能区分区的规划目标。

选择规划方法与建立规划模型　依据大气污染物的基本特点、污染物类型和
污染物种类选择相应的规划方法,如煤烟型污染区域,可以选择能源与污染源相
结合的系统分析方法。针对区域污染气象要素的特点,以各类大气扩散模型为基
础,建立各类污染源（特别是不同排放高度的污染源）与大气环境质量之间的输
入响应关系。按照规划方法和模型中考虑的全部基础措施,确定主要大气污染源

治理措施的技术经济参数，建立相应的规划模型，并对其进行基本辨识和灵敏度分析，以检验规划模型的有效性。

确定优选方案　制定多个能实现规划期内大气环境质量规划目标的实施方案，并对多个方案进行比较论证，做经济、技术和管理上的可行性分析，最终确定优选方案。

方案的实施保障　规划方案的实施保障是大气环境规划的重要组成部分。优选方案制订后，需制定相应的管理政策和监督措施，保障方案的顺利实施。

②水环境规划

水环境现状与发展趋势分析　首先进行污染现状分析，确定与农业、矿业、建筑业和某些工业有关的污染源，并提出控制措施。确定整个规划年限内拟建的区域和工业废水处理厂、市政下水道、工业企业与水污染控制有关的技术改造或厂内治理设施等的清单。确定水质超标河段和主要污染物，预测污水和污染物的产生量、排放量，结合水体的特点选取适宜的水质模型，建立各类污染源与水环境质量间的输入响应关系，计算分析各类废水对水体环境的影响。

提出水环境功能区划和水质控制指标　区域水域往往需要满足多种用水需求。对每一种用途，国家都有相应的管理法规和水质标准。根据河段的位置、水质与水文状况、用水需求、输送与处理费用等，确定不同河段的功能，选择表征水质状况的水质指标，如地表水的水温、pH、溶解氧浓度、COD、BOD 等。

确定控制目标　根据水质监测结果，采用恰当的分析、评价方法，判断各河段水质是否能满足目标要求，确定超标的河段（海域）和主要污染物；根据污染源所在位置、排污种类、排污量、排污方式和污染物的扩散规律等信息，根据主要污染源的分布划分水质控制单元，确定水污染分区的总量控制与削减目标。

确定各排污口的允许排污量　根据区域环境容量要求，并考虑河段（海域）相关区域的发展规划，把允许排污量按照一定原则分配给区域内的各个污染源，同时制定一系列的保证措施，以保证区域内水污染物排放总量不超过区域允许排放总量。

选择规划方法、建立规划模型　根据各控制单元水污染的主要特征，以及设计方案的特点，选择适宜的规划方法和模型。污水集中与分散处理相结合的治理方案，可依据系统分析原理建立相应的数学规划模型。

规划方案的优化分析　针对不同类型、不同控制水平的规划方案，运用方案对比或规划模型模拟，用系统分析方法进行方案优化，以寻求在满足环境目标下的最小代价方案。

③声环境规划

噪声污染是我国四大公害之一，尤其是近几年随着城市规模的发展，交通运输事业和娱乐业的发展，区域噪声污染程度迅速上升，已成为我国环境污染的重要组成部分之一。由于近几年是城市建设较为集中的时期，工业噪声和建筑施工噪声污染也呈上升趋势，由此而引起的环境纠纷不断发生，因此，我国噪声污染综合整治所面临的形势是十分严峻的。

区域噪声来源主要可分为交通噪声、工业噪声和社会生活噪声。

区域噪声污染现状与趋势分析　一是交通噪声污染现状与趋势分析。根据交通噪声历年变化规律、区域总体规划和交通规划，综合分析交通噪声污染趋势。二是环境噪声污染现状与趋势分析。根据噪声监测数据，对照《声环境质量标准》（GB 3096—2008）中相应的功能区标准，做出污染状况评价。根据环境噪声污染历年变化规律、城市总体规划，预测区域噪声源结构及强度的变化趋势。

区域噪声综合整治规划　一是交通噪声综合整治。针对区域布局和道路建设规划，从减少交通噪声的角度，针对公路路网结构和布局、铁路建设和场站布局、机场和港口布局，提出改进建议和改造方案，加强流动噪声源的管理，分期分批淘汰超标的交通工具。二是社会生活噪声综合整治。对文化娱乐、集贸市场的布局、范围、开放程度提出相应指导建议，加强管理。三是工业噪声综合整治。对重点工业噪声源，采用治理与关、停、并、转、迁相结合的综合整治方案，在居民区中的建筑施工工地，规定使用低噪声设备，规定超标机械使用时间。

④固体废弃物处置规划

固体废弃物处置规划以资源最大化、处置费用最小化为目标，对固体废弃物管理中的各个环节、层次进行整合调节和优化设计，进而筛选出切实可行的规划方案。固体废弃物处置规划是一个过程性、系统性规划，通过固体废弃物预测及可行处理技术分析，选择适宜的规划目标，制定达到目标的管理和技术措施，并为这些措施配套可行实施方案。

现状调查及评价　包括固体废物排放源调查、废物产量及成分调查、处理处置与资源化现状调查、社会经济发展现状及发展规划调查、固体废物管理相关法律法规、环境经济政策调查等。

确定规划目标　根据总量控制原则，结合本区域特点以及经济承受能力，确定有关综合利用和处置的数量与程度的总量目标，并按照行业和污染源单位的具体情况进行合理分配，将总目标分解到行业和企业。

固体废物发展趋势分析　基于固体废物产生水平与社会经济发展关系的分析，依据社会经济发展规划目标，结合生命周期分析，定性与定量相结合，预测固体废物数量、成分变化及环境影响，分析可行的固体废物收运方式、处理处置与资源化技术。区域固体废物主要包括工业固体废物、危险废物和生活垃圾，所以固体废物预测主要针对这三类废物进行。

规划方案形成与优化　固体废物产生、收集和运输（收运）、处理（处置）是固体废物全过程管理的三大环节，根据全过程管理减量化、资源化、无害化的优先顺序，以及各区域的固体废物产生和排放特点，按照工业固体废物和区域垃圾分类分析，考虑生态保护、资源利用、经济有效等多个目标，建立规划方案优化模型，拟定出切实可行的备选与替代方案。模型模拟与专家论证相结合，筛选出源头管理、收运管理、产业发展、处理处置与资源化的规划方案。

⑤辐射污染控制规划

辐射污染一般分为电离辐射污染和非电离辐射污染，其中非电离辐射与人息息相关的是电磁辐射。

辐射污染控制规划主要包括辐射污染源的分类分布、辐射污染控制的管理目标和控制措施。

电离辐射控制规划　电离辐射污染控制规划的目标是：提高管理能力，保障辐射设施运行和应用安全。

规划中应根据其分类等级，将分散源尽可能集中区域布局，以保证管理方便、防控措施有力。

管理能力规划中要明确分级管理及其责任，包括不同层级的监管机构的设立、监测设备能力配备和监测点位设置、试验室标准以及辐射安全事故应急救援体系建设等。

保障辐射设施运行和应用安全规划就是要建立日常管理制度，落实放射源一源、一码、一卡身份证式的管理，实现放射源从生产到收贮、回收全过程管理。

电磁辐射污染控制规划　电磁辐射污染控制规划的目标是：设立常态监测网，划分电磁辐射区，制定不同区域的管理措施。

规划中要在区域内设置固定监测网，进行常年监测，建立电磁辐射污染数据库，以评价区域电磁辐射变化趋势。根据不同地点辐射程度，划分辐射重点区和辐射敏感区，并制定不同区域的控制措施和规划要求。如高频输变电设施、移动基站布局都应根据相关规范要求，与居民区、幼儿园、学校、医院等保持一定的安全距离。

⑥自然生态保护规划

自然生态保护规划就是将自然生态资源进行系统地划分并加以人为管理与限制，使其从空间上维护和强化区域自然山水格局的连续性，保护和建立多样化的乡土生境系统，最大限度地保留足够多的土地矿山、森林绿地、水系岸线、生物群落等，为区域经济社会持续发展创造稳定的生态基础。

土地矿山资源可分为基本农田、土壤保持区、矿山开采区及复垦恢复区。

基本农田保护既是国家粮食生产必保的"红线"，也是区域生态系统的重要组成部分，在规划中要把基本农田做为自然生态资源严格保护。

土壤保持区的确定是规划中的重要内容，将区域内易出现水土流失、沙土化、盐碱化和因工农业生产而受到污染的土壤区域划分出来，制定有针对性的治理措施，确定治理目标，使区域土壤逐步恢复生态功能。

矿山开采及复垦恢复也是自然生态保护规划的主要内容之一，规划中要坚持自然生态空间格局连续性与均匀性原则，合理科学地划分为开采区、限制区和禁止区，依据"禁采区关停，限采区压缩，开采区集聚"的要求，加大对矿山开采数量的压缩，确保留出山体空间，为自然生态资源保护创造基础条件。同时采取措施，加大对已开采区的复垦修复与管理。

森林绿地资源可分为自然林、人工林与绿地。

自然林是指自然山体林、国家保护林、水源涵养林等，规划中要划分各类用地红线，要重点保护国家保护林和水源涵养林。如国家森林公园、国家森林自然保护区（原始森林等）、水源地保护区等。

人工林包括海岸防护林、沙漠防护林及交通道路沿线林带林地等人工造林区域。

绿地包括自然绿地（草原）和人工绿地（城市区），绿地也是自然生态系统的重要组成部分。

人工林地和人工绿地在自然生态系统中占有重要地位，在规划中要保留自然生境的同时，要不断增大人工林地绿地面积，使之加入自然生境系统之中，荒山造林、退耕还林，增加交通林及城区公园绿地等，体现人改造自然的主观能动性。

水系岸线保护分为水网、岸线和湿地保护。

水网即区域内江河湖海构成的水生态系统，规划中要从自然生态角度规划水网，尽最大可能保留自然水系，限制人为改变水系流向，明确不同水体的功能和分级，提出不同等级的保护要求。

岸线是指紧邻水生态系统的岸壁及周边一定范围区域，分为自然岸线和人工岸线。规划中要对自然岸线提出保护要求，对已破坏的岸线要制定分阶段治理措施，逐步恢复岸线的自然生态功能，确保水体与陆地生态系统之间物质交换的顺利进行。海滨地区城市要规划好海岸线资源，保留好自然岸线，使自然岸线占总岸线长度比例不小于 60%。

湿地也是自然生态资源的重要组成部分，规划中要确定湿地红线，明确湿地功能和作用，要提出措施使自然湿地面积萎缩和能力退化的趋势得到控制，有重点地实施湿地抢救性保护措施，实行退养还滩、封滩育草、治理污染，加强湿地保护区建设，维护生物多样性。

生物群落指生活在一定地理区域或自然生境里的各种生物群所组成的集合体。生物群落由植物群落、动物群落和微生物群落组成，群落与环境之间互相依存、互相制约、共同发展，形成一个自然体。

群落种类组成具有相对的稳定性，人为因素的过度干扰可能引起生物群落中各物种关系的严重破坏。规划中对区域内生物资源的利用情况和改变情况进行回顾性评价，彻底摸清生物资源的种类、数量、分布和利用状况及前景，编写和修订各类生物资源志书，以生物地理本底和规律为基础，做好生物资源保护和可持续发展的科学规划，加大野生动植物资源的研究和保护力度，建立珍稀濒危野生动植物监测数据库。

（2）专题规划

①工业布局和结构调整规划

工业布局和产业结构对环境有着长远的、深刻的影响。确定合理的工业布局和产业结构，对于促进经济、社会与环境的协调持续和稳定发展有着十分重要的意义。

工业布局与产业结构规划的考虑原则是：因地制宜，充分发挥规划区的环境优势；合理利用自然资源，做到优势资源的优化利用；发挥技术、经济综合优势，促进经济发展；现实可行性和长远利益相结合，注重克服自然的或技术经济的主要约束因素；有利于环境污染的综合防治和能够合理利用自然净化能力；赢得社会经济与环境效益的统一。

基于生态功能区划的工业布局调整　根据资源环境承载能力和发展潜力，按照优化开发、重点开发、限制开发和禁止开发的不同要求，围绕区域功能定位，实施分类指导，突出环境保护重点，有效保证经济效益、社会效益与环境效益相协调，有效地贯彻落实科学发展观，实现经济快速、健康、可持续发展。

产业结构调整　优先发展现代服务业和先进制造业，提高服务业在国民经济中的比重，提高工业附加值比率，降低高能耗产业的比重。在保持产业持续较快发展的同时，切实降低对能源消费的依赖，加快淘汰落后工艺、技术和设备，重点淘汰冶金、建材、化工、电力、机械等高能耗产业中的落后生产能力、工艺装备和产品，提出调整产业结构的意见、落实措施。

生态工业园建设　生态工业园区是依据循环经济的 3R 法则并运用生态学原

理，通过模拟自然生态系统来设计园区的物流和能流，建立起循环链，把不同的企业和产业连接起来，形成互换副产品和共享资源的代谢和共生组合，使一家企业的废气、废热、废水、废渣等在自身循环利用的同时，也能成为另一家企业的原料和能源，从而实现物质闭路循环和能量多级利用，达到物质能量利用最大化和废物排放最小化的目的。规划中要给予特殊政策，确定园区布局。

重点工业园区的环保准入　对化工、石化、造船、冶金等重污染行业要控制在特定园区内发展、建设。各工业园区要按照产业功能定位，严格环保准入制度，遵循"绿色入区标准"布局产业项目，集中控制产业污染，并落实化工园区风险防范措施。

②农村环境保护规划

农村环境保护是中国环境保护工作的重要领域，也是当前环境保护工作的薄弱环节。2006 年国家环保总局发布的《国家农村小康环保行动计划》提出，我国将在 2010 年初步解决农村环境问题。到 2020 年，有效控制农村地区环境污染的趋势，基本解决农村"脏、乱、差"问题，农村生活与生产环境得到切实改善，为建设"清洁水源、清洁家园、清洁田园"的社会主义新农村和全面建设小康社会提供环境安全保障。今后我国在农村环境保护方面将采取以下举措：启动农村环境保护行动计划。用 5～10 年的时间，使农村现在的水源地、垃圾污染、土壤污染等一些重要环境问题有比较大的改善。在原有工作基础上，继续加大生态示范区的建设力度，大力开展生态省、生态市、生态县和环境优美乡镇的创建工作，使当前农村环境条件和社会基础条件比较好的地区实现可持续发展。在食品安全方面做好环境方面的有关工作。加强有关法律法规的建设，尤其针对当前规模化养殖和生态破坏的情况，加强立法工作。

农村环境保护内容包括：

切实保护好农村饮用水水源地　把保障饮用水安全作为农村环境保护工作的首要任务，依法科学划定农村饮用水水源保护区，加强饮用水水源保护区的监测和监管，坚决依法取缔水源保护区内的排污口，禁止有毒有害物质进入饮用水水源保护区，严防养殖业污染水源。加强分散供水水源周边环境保护和监测，及时掌握农村饮用水水源环境状况，防止水源污染事故发生。大力加强农村地下水资源保护工作，开展地下水污染调查和监测，开展地下水水功能区划，制定保护规划，合理开发利用地下水资源。加强农村饮用水水质卫生监测、评估，掌握水质状况，采取有效措施，保障农村生活饮用水达到卫生标准。制订饮用水水源保护区应急预案，强化水污染事故的预防和应急处理，确保群众饮水安全。

加大农村生活污染治理力度　采取分散与集中处理相结合的方式，因地制宜处理农村生活污水。建立乡镇生活污水和垃圾管理体系，逐步实施乡镇生活污水和垃圾收费制度，收费标准按照保本微利的原则确定，凡收费有困难的乡镇，区、市、县级财政要对运营费用给予补贴。试点乡镇应设专人或委托相应部门负责生活污水和垃圾的收费、管理运营维护、监测等工作，鼓励有条件的试点乡镇采用社会化的运营方式，逐步建立起乡镇生活污水和垃圾管理体系。逐步推广"组保洁、村收集、镇转运、县处置"的城乡统筹的垃圾处理模式，提高农村生活垃圾收集率、清运率和处理率。边远地区、海岛地区可采取资源化的就地处理方式。优化农村生活用能结构，积极推广沼气、太阳能、风能、生物质能等清洁能源，控制散煤和劣质煤的使用，减少大气污染物的排放。

严格控制农村地区工业污染 严格执行国家产业政策和环保标准，淘汰污染严重和落后的生产项目、工艺、设备。强化限期治理制度、环境影响评价制度和"三同时"制度。建立乡镇环境管理机构，完善乡镇企业环境管理。乡镇环境管理机构可以各镇都设立，也可以分片设立。优化乡镇企业布局。一方面，在适当给予补助的基础上对污染严重的企业予以关停，逐步引导乡镇企业进入乡镇工业园区，实行集中管理；另一方面，对现有乡镇工业园区进行完善，按照 ISO14000 的要求建设一套完善的环境管理制度，配套污水等环境治理设施，确保工业园区内的企业符合环境管理要求。加强对现有企业的环境监管力度。将其作为当前环境监管重点，督促乡镇企业规范环境行为，确保达标排放；严格执行企业污染物达标排放和污染物排放总量控制制度，防治农村地区工业污染。

加强畜禽水产养殖污染防治 科学划定禁养、限养区域，根据不同区域的消纳粪污能力及粪污处理水平，控制养殖规模。建立健全养殖场环保审批制度、排污申报制度和排污许可证制度。排污工程执行"三同时"政策，养殖场粪污处理工程应与主建筑同时设计、同时施工和同时使用。鼓励建设生态养殖场和养殖小区，实行农牧结合，重点治理规模化畜禽养殖污染，通过发展沼气、生产有机肥和无害化畜禽粪便还田等综合利用方式，实现养殖废弃物的减量化、资源化、无害化。

控制农业面源污染 科学施用化肥、农药，积极推广测土配方施肥，推行秸秆还田，鼓励使用农家肥和新型有机肥，减轻农业生产过程中农药、化肥、农膜、农作物秸秆、农资包装废弃物对土壤和水的污染。鼓励使用生物农药或高效、低毒、低残留农药，推广作物病虫草害综合防治和生物防治。鼓励农膜回收再利用。做好农业污染源普查工作，着力提高农业面源污染的监测能力。加强秸秆综合利用，发展生物质能源，推行秸秆气化工程、沼气工程、秸秆发电工程等，禁止在禁烧区内露天焚烧秸秆。积极发展有机农业、生态农业和观光农业，鼓励建设一批无公害农产品、绿色食品和有机食品基地。

积极防治农村土壤污染 开展土壤污染状况调查,建立污染环境质量监测和评价制度,开展污染土壤综合治理试点。加强对污灌区域、工业用地及工业园区周边地区土壤污染的监管,严格控制主要粮食产地和蔬菜基地的污水灌溉,确保农产品质量安全。

③环境风险防范

环境风险是指突发性事故对环境(或健康)的危害程度。环境风险防范是在环境评价的基础上提出防范、应急与减缓措施。环境风险评价根据《建设项目环境风险评价技术导则》规定的方法进行评价。

企业环境风险防范包括:

建立完善的安全管理制度 各项安全生产环节的负责人必须重视安全工作,认真贯彻各级安全生产责任制,建立完善的安全生产管理制度、操作规范和环境管理机制,定期安全检查和整改;加强各泄漏源的管理;切实加强对工艺操作的风险管理,确保工艺操作规程和安全操作规程的贯彻执行;建立火灾报警系统,制定救援方案,建立中毒应急处理、爆炸火灾应急处理预案。

合理布局 严格按相关要求规划设计并建设卫生防护距离,卫生防护距离范围内必须进行绿化;火灾、爆炸危险性大的生产装置和设备应尽量露天布置,或尽量采用开敞式或半开敞式厂房,并设置足够的自然通风换气面积;危险品储存应有专门车间,配有完善的通风和调温设施、事故监测和报警系统,严格与其他挥发性有机物共同储存,同时控制各储存罐危险品储存量。

建立环境事故应急监测系统 根据各地的产业结构、事故隐患类型、特征污染物,配备相应的仪器设备。近期进行风险评价,落实风险防范的工程措施、自动监控报警、风险预案,建立统一的应急指挥中心。

提高辐射污染事故应急能力 按照环境保护部《全国辐射环境监测与监察机构建设标准》要求,提高辐射污染事故应急能力,配置应急专用设备和专项辐射环境监测仪器。建立放射性污染源(放射性同位素与射线装置)的动态数据库和各类风险源的电子地图,开发辐射监管的移动执法软件,建立辐射安全监管平台,完善辐射工作单位的辐射安全电子档案,建立辐射事故预警监测系统。制定辐射事故应急预案,确立多部门参与的辐射事故快速反应机制,提升辐射事故应急保障和处置能力。

其他防范措施 在易发生故障和危险性较大的地方,设置醒目的安全色、安全标志和声、光警示装置;对易燃易爆物质的储存系统、生产区必须设立必要的实时环境监测和电视监测系统,一旦发现异常,可及时采取有效措施,减小事故的危害程度；划定紧急疏散区域。

环境应急预警系统建设包括：

建立完备的危险废物污染应急预案　考虑事发地的地理地质、水文气象等影响因素，完善建立包括不同层次、不同污染物种类、不同环境敏感区域的应急预案。

建设完善的应急处置体系　依托危险废物处置企业，建设社会化、专业化的应对突发污染事件的处理处置队伍，组织各成员单位开展突发环境污染事件的应急处置工作。

建设统一的应急指挥体系　事故发生时，指挥专业人员开展现场污染状况的应急监测和跟踪监测，确定污染物种类、浓度及污染范围，根据监测数据科学分析污染变化趋势，为救援决策提供技术支持，并组织专业队伍开展现场泄漏污染物的处理和后续处置工作。

建设各领域的应急专家支持体系　建立相关专家数据库，应急事故发生时，组织有关专家评估突发环境污染事件可能产生的危害和影响，为处置工作提供技术和决策支持，使污染物持续危害减小到最低程度。

④环境管理能力建设规划

环境管理能力建设规划主要包括政策研究，法规建设，标准制定，监测体系与科研体系完善，信息的收集与传递，宣传教育及环保系统职工素质的提高等方面。

环境监测能力建设　包括环境监测网络和环境要素及分项监测。其中，环境监测网络建设包括监测点位设置、监测机构建设、监测人员能力建设、监测设施建设及配套资金等；环境要素及分项监测包括饮用水水源监测、海洋监测、空气质量监测、沙尘暴监测、酸雨监测系统建设、噪声振动监测、辐射监测、生态监测、污染源监测、环境事故应急监测系统、辐射污染事故应急能力、信息化建设等。

环境监察执法能力建设　包括环境监管队伍建设、环境监察执法能力建设和动态污染源监察。其中，环境监管队伍建设包括执法人员配备、机构建设、人员素质建设；环境监察执法能力建设包括执法车辆和装备、办公用房、通讯、信息化装备；动态污染源监察包括建立动态污染源监察数据库，完善污染源监察档案建设，综合采取技术、管理手段，对污染源实行动态监察，在主要污染点源设立固定或可移动的自动监控设备，使一些热点环境问题得到强有力的监管。

环境科研能力建设　包括重点科研领域研究、环境科技实验研究能力建设、环境科技资源信息共享平台建设、科技基础支撑能力建设。其中，重点领域研究内容包括开展大气污染控制研究、污染物减排机制和机理研究、饮用水环境安全保障研究、新型污染的控制技术及对策研究、土壤恢复研究、农村环境管理体系研究等；环境科技实验研究能力建设主要提高环境科技实验研究水平和技术转化；环境科技资源信息共享平台建设以 GIS 信息系统、RS 信息系统为基础，建设环境保护科技资源信息共享平台。重点建设集大气污染控制、海域污染控制、噪声污染控制等环境要素的计算模型及模拟系统，形成包括环境科研成果、环境实验数据、环境监测数据、环境统计数据、环境管理数据、环境技术数据在内的共享机制和硬件支持环境。建立市、县级环境信息网络，形成环境信息基础、应用支撑体系、资源共享和信息服务平台；实现核心业务的电子化、纵向一体化办公、审批协同平台，为提高环境综合决策能力、环境监管能力、公共服务能力提供有力的信息化支撑与能力保障。建立安全的电子政务技术体系和管理机制；科技基础支撑能力建设包括科研人员培养、实验设备配备及科研资金的支持等。

第7章 环境保护总体规划图集设计和制图要求

为满足环境保护规划的发展需要，环境保护规划图集经历了由现状图到预测图、再到动态变化图，从资源分布图到综合评价图、再到规划设计图，从分析图到综合图、再到合成图，从单幅图到成套图、再到综合性的图集或环境专题图集的发展过程。通过对环境保护规划图集制作的现状研究，并借鉴城乡规划图集、土地利用规划图集的优点，提出环境保护总体规划图集编制的一般原则，构建环境保护总体规划图集的整体框架体系，对图集的具体编制步骤和制图标准尝试做出统一的规范要求。

7.1 环境保护总体规划图集编制现状及存在的问题

7.1.1 发展现状

城乡规划、土地利用规划在图集体系设计方面已经较为成熟。如《城市规划编制办法实施细则》对城市总体规划图集体系做了详细的规定，它将总体规划图集分为两大部分，即"城市总体规划的主要图纸"和"总体规划阶段的各项专业规划主要图纸"。其中"城市总体规划的主要图纸"包括：市（县）域城镇分布现状图、城市现状图、市（县）域城镇体系规划图、城市总体规划图、郊区规划图、近期建设规划图。"总体规划阶段的各项专业规划主要图纸"包括：道路交通规划图、给水工程规划图、排水工程规划图、供电工程规划图等。另外，根据《市（地）级土地利用总体规划编制规程》（TD/T 1023—2010），土地利用总体规划图件包括"必备图件"和"其他图件"两部分，其中"必备图件"包括土地利用现状图、土地利用功能分区图、建设用地管制分区图、基本农田保护规划图、土地整治规划图、重点建设项目用地布局图、中心城区土地利用现状图、中心城区土地利用规划图。同时根据实际需要，可编制"其他图件"，包括遥感影像图、数字高程模型图、景观生态用地空间组织图、城镇用地空间

组织图、交通设施空间组织图、农业产业用地布局图、工业用地空间整合规划
图、区位分析图、土地利用结构调整分析图、土地生态保护评价图、土地适宜
性评价图、规划环境影响评价图等。

环境保护总体规划图集可以直观反映出许多定量性指标，是环境保护决策、
环境管理、环境监测与科研等必不可少的有效工具。但目前对于编制环境保护总
体规划是否需要用图缺少统一的标准和要求，这导致了有些规划有图，有些规划
无图现象，致使环境保护规划图杂乱无章，编制体系混乱，这给环境保护工作带
来了很多困难。

7.1.2　主要问题

（1）图集编制形式千差万别

《城市规划编制办法实施细则》中对图集的编制形式做了详细的规定。例如，
该细则规定：市（县）域城镇分布现状图的图纸比例为 1∶50 000～1∶200 000，
需要标明行政区划、城镇分布、交通网络、主要基础设施、主要风景旅游资源；
城市现状图图纸比例为大中城市 1∶10 000 或 1∶25 000，小城市可用 1∶5 000，
图纸应标明城市主次干道，重要对外交通、市政公用设施的位置，商务中心区
及市、区级中心的位置，需要保护的风景名胜、文物古迹、历史地段范围等信
息；市（县）域城镇体系规划图图纸比例同现状图，标明行政区划、城镇体系
总体布局、交通网络及重要基础设施规划布局、主要文物古迹、风景名胜及旅
游区布局；城市总体规划图图纸比例同现状图，表现规划建设用地范围内的各
项规划内容。另外，《市（地）级土地利用总体规划编制规程》（TD/T 1023—2010）
规定：市域范围的必备图件比例尺一般为 1∶100 000，如辖区面积过大或过小，
可适当调整比例尺；中心城区范围的必备图件，比例尺一般为 1∶10 000～
1∶25 000，中心城区规划控制范围偏大的，可缩小比例尺到 1∶50 000；土地利
用现状图，主要标注按照土地用途规划分类进行转换形成的现状地类以及主要
水系、交通、地形、地名和行政区划要素；土地利用功能分区图、建设用地管
制分区图、基本农田保护规划图、土地整治规划图、重点建设项目用地布局图、
中心城区土地利用规划图，在土地利用现状图基础上，标注相应的规划要素以
及水系、交通、行政区划等其他要素。

环境保护规划图集的编制形式千差万别。首先，环境保护规划图集的内容不
统一，没有对每幅图所应展示的内容的具体规范，各编制单位根据自己的需要来
决定图的内容。其次，图集的图示、图例和图幅不统一，这使同一地物在不同规
划图上的符号不一致，同一图件的图幅也不一致。

（2）坐标系统不规范

图集坐标的选取是绘制图集的基础。我国各地区城市规划、土地利用规划、环保规划图集坐标系有各自的规定，全国并没有形成一个统一的坐标系，目前主要采用 1954 年北京坐标系和 1980 年西安坐标系。而北京坐标系与西安坐标系本身以及相互转换带来的误差相对较大，这增加了环境保护规划与其他规划衔接以及规划本身编制和执行的难度。

（3）电子地图集有待加强

在环境保护规划中，图集是环境保护工作成果的系统总结。目前，从图集的展现形式来看，图集主要是纸质形式，电子地图集形式很少。而纸质图集作用的发挥受到一定程度的限制，无法满足其在环境保护规划领域的需要，因此，编制电子地图集是十分有必要的。很多地区也开展了相应的工作，形成了《中国国家自然地图集—电子地图集》、《京津地区生态环境地图集》、《福建省生态环境多媒体电子地图集》等电子图集，但在内容和形式上还需要改进和统一。

7.2　环境保护总体规划图集编制原则与步骤

7.2.1　编制原则

（1）协调性、系统性原则

首先，图集的编制要注意其协调性：一是注意图集与文本的协调统一，图集作为环境保护总体规划内容的诠释和展现，从体系和内容上要与规划文本保持协调统一。二是注意图件的内部信息的统一，如图件内容与地理底图的内容要统一。三是注意图集与其他规划图集的统一，由于环境保护总体规划与城市总体规划、土地利用总体规划等有着密不可分的联系，因此图集在内容上要与这些规划的图集保持协调一致。

其次，图集的编制要注意其系统性，要具有一定的内容结构体系。如对一个区域环境污染或环境质量的表示，既要交代该区域的环境污染状况、变化和发展趋势，还要展现该区域的污染防治对策与规划内容，并保证相应的内容科学具体，最终形成比较系统和完整的图集，对现实工作具有更实际的指导意义。

（2）可比性、对应性原则

图集要有一定的可比性，要能够帮助人们形象地理解环境现状和把握环境问题。不同区域、年份、季节和气象条件等所对应的污染物浓度一般都会有差异，如北方地区采暖期与非采暖期的二氧化硫的浓度分布会有明显的差异；有风天气与无风天气可吸入颗粒物浓度也会有差别。

（3）动态变化原则

图集要展现出规划实施前后各种变量的动态变化趋势，体现出规划成果。如在规划实施前后污染处理设施数量及位置、污染物排放量、污染物浓度都会有相应的变化；生态安全格局、海岸线保护长度、生态保护区面积、环境风险防范体系、环境监测网络、禁采区和禁养区面积等也会有合理的调整。

7.2.2　编制步骤

（1）图集体系的确定

图集的体系是以系统论的观点来分析和综合某一区域的空间结构及其环境变化，并根据其特点，从全环境的角度围绕人类活动这一中心确定的。图集由若干图组组成，每一图组是整个体系的子系统，既是整体的一部分，又有其相对的独立性。按图组内容逻辑顺序，层层展开，形成从历史到现状，从自然环境到社会环境的一个全面、系统反映环境质量状况的内容结构体系。

（2）制图资料的收集、分析评价与选择

环境保护部门的各种数据及文字资料，规划文本中的预测数据、规划方案，各种地形图和有关的专题地图、航空相片及卫星相片是编绘图集的主要信息源。

（3）图件绘制

图件以展示规划文本为核心，以图形符号客观地体现文字的内涵。可以采用图文并茂的形式，图件和文字说明及表格相互对应。

7.3　环境保护总体规划图集整体框架体系构建与内容编排

7.3.1　框架体系构建

图集可吸取城市规划图集及土地利用规划图集在体系设计和内容选择等方面的优点，先"现状图"后"规划图"，先"总体规划图"后"地区局部规划图"，而且可以根据要素类别设计图集层次结构，最终形成图集的整体框架体系。图集体系按照两种方法划分：按图集内容划分和按图集性质划分。具体划分情况见图 7-1。

按图集内容划分　图集包括《生态功能区划图集》和《规划图集》两大专题图集。其中，《生态功能区划图集》明确保护区和各类环境功能区的具体边界范围以及生态控制区范围，而《规划图集》则更多地强调规划的具体内容。

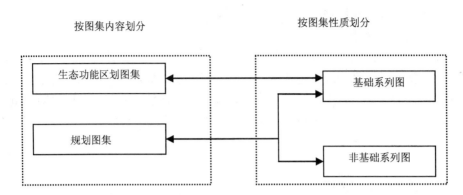

图 7-1　环境保护总体规划图集框架体系

按图集性质划分　图集分为基础系列图件和非基础系列图件两大系列。基础系列图件是重点绘制的图件，包括《生态功能区划图集》中的全部图件和《规划图集》中的部分图件，主要指"污染物排放量分布现状及规划图"、"污染物排放量变化空间分布图"、"污染物浓度分布现状及规划图"、"主要脱硫设施建设规划图"、"集中供热区域规划图"、"主要集中污水处理设施规划图"、"噪声污染控制规划图"、"固体废物处置规划图"、"区域景观生态结构图"、"生态功能区划图"、"生态保护区现状及规划图"和"环境监测网现状及规划图"等。非基础系列图件是辅助图件，可以根据各地的具体情况来进行选择绘制，可包括"主要河流水库分布图"、"产业布局图"和"畜禽养殖污染控制规划图"等。

7.3.2　内容编排

《生态功能区划图集》具体包括保护区、环境功能区、生态控制区划等图组；《规划图集》则按照环境专项和专题展开，具体包括大气环境、水环境、固体废物、电磁辐射、产业布局、生态资源、农村环境保护、环境风险防范和环境监测网络等图组。具体见图 7-2。

（1）《生态功能区划图集》主要内容

保护区类图组　保护区类图组确定出自然保护区等各类保护区红线，并附保护区性质、范围等的文字描述。保护区类图组主要包括自然保护区图、森林公园图、风景名胜区图、地质公园图等。

环境功能区类图组　环境功能区类图组确定大气、水、噪声各环境要素的主导功能区划，主要包括空气环境质量功能区划图、地面水环境功能区划图、环境噪声区划图等。后面附环境功能区划分原则、范围等的文字描述。

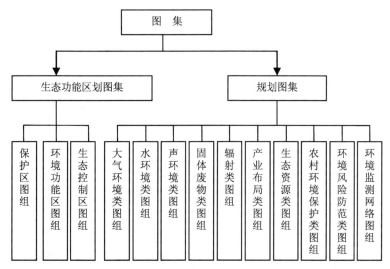

图 7-2 环境保护总体规划图集内容

生态控制区类图组 生态控制区类图组在功能区划的基础上，进行生态控制区划，明确生态控制线，给出禁止开发区、限制性开发区和优化开发区具体范围。生态控制区类图组主要包括一级生态功能分区图、二级生态功能分区图、三级生态功能分区图、生态控制区划图等。

（2）《规划图集》主要内容

大气环境类图组 主要包括：二氧化硫、二氧化氮、烟粉尘排放量空间分布现状图；空气综合污染指数现状图、对北方城市采暖期、非采暖期空气综合污染指数现状图；采暖期、非采暖期环境空气中二氧化硫、二氧化氮、可吸入颗粒物浓度分布现状图、有风以及微风天气可吸入颗粒物浓度分布现状图、自然降尘分布现状图；二氧化硫、二氧化氮、可吸入颗粒物排放量空间分布预测图、浓度分布预测图、环境容量分析图；主要脱硫设施建设规划图、主要燃煤设施现状图、主要燃煤设施规划图、集中供热区域规划图、城区轨道交通与清洁汽车公交线路规划图等。

水环境类图组 主要包括：主要河流水库分布图、COD、氨氮排放量空间分布现状图；地表水总磷、氨氮浓度现状图；地下水氨氮、氯化物、总大肠菌群浓度现状图；COD、氨氮排放量空间分布预测图；COD、氨氮环境容量分析图；集中污水处理设施规划图、排污口规划图等。

声环境类图组 主要包括高峰时段交通噪声现状图、区域噪声现状图、噪声污染控制规划图等。

固体废物类图组　包括固体废弃物处置现状图、固体废弃物处置规划图等。

电磁辐射类图组　包括放射源分布现状图、功率密度现状图、电场强度现状图等。

产业布局类图组　主要包括产业布局现状图、产业布局规划图等。

生态资源类图组　主要包括生态保护区规划图；区域景观生态结构图；土壤污染调查综合评价指数图；土壤污染控制区规划图；河流、水库、海域环境保护规划图等。

农村环境保护类图组　主要包括畜禽养殖污染控制规划图等。

环境风险防范类图组　主要包括环境安全与风险防范图、核与电磁辐射环境安全与风险防范图、水源环境安全与风险防范图等。

环境监测网络类图组　主要包括环境监测网现状与规划图、环境空气监测点位现状与规划图、降尘降水监测点位现状与规划图、河流、饮用水水源监测点位现状与规划图、噪声监测网现状与规划图、电磁辐射监测点位现状与规划图、土壤环境监测点位现状与规划图等。

7.4　环境保护总体规划图集制图要求

7.4.1　总则

本标准未规定的内容，可参照其他专业标准的制图规定执行，也可由制图者在本标准的基础上进行补充。

图纸应当完整、准确、清晰、美观。

7.4.2　一般规定

（1）图纸分类和应包括的内容

图纸可以分为现状图、规划图、分析图三类。

现状图应该是记录规划工作起始时的城市环境状态的图纸，并应包括环境质量图、生态环境图、污染治理设施图等。

规划图应是反映规划意图和各阶段规划状态的图纸。

分析图应该是对环境趋势等做出分析的图纸。

图纸应该有图题、图界、指北针、比例尺、规划期限、图例、署名、绘制日期、图标等。

（2）图题

图题是各类环境规划图的标题。图纸均应该标明图题。

图题的内容应该采用"年份+位置+关键词+图"的方法命名。

图题宜横写，不应该遮盖图纸中现状与规划的实质内容。位置应选在图纸的上方正中、左上侧或右上侧。不应放在图纸内容的中间或图纸内容的下方。

（3）图界

图界应是环境保护总体规划图内容所涵盖的范围。当用一幅图完整地标出全部规划图图界的内容有困难时，可以将图纸图边外部的内容标明连接符号后，把连接符号以外的内容移到图边以内适当位置上。移入图边以内部分的内容、方位、比例应与原图保持一致，并不得压占现状或规划的主要内容。

必要时，可以绘制一张缩小比例尺的规划关系图，然后再将规划图的各分区分别绘制在放大的分区图上。

（4）指北针

图纸必须绘制指北针。

指北针的绘制应该符合现行的国家标准《房屋建筑制图统一标准》（GB/T 50001）有关规定。

（5）比例尺

图纸中，除与尺度无关的规划图以外，必须在图上标绘表示图纸上单位长度与地形实际单位长度比例关系的比例与比例尺。

在原图上制作的比例，应该用阿拉伯数字表示。经缩小或放大后使用的，应将比例数调整为图纸缩小或放大后的实际比例数值或加绘形象比例尺。比例尺的标号位置可以在图例的左侧或下侧。

（6）规划期限

图纸应标注规划期限。

标注的规划期限应该与文本中的期限一致。规划期限与图题一起标注。期限应该用公元表示。现状图纸只标注现状年份，不标注规划期限。规划图纸只标注规划期限，不标注现状年份。

（7）署名

图纸上必须署规划编制单位的正式名称，并可以加绘编制单位的徽章。有图标的图纸，在图标内署名；没有图标的，在规划图纸的右下方署名。

（8）编绘日期

图纸应标注编绘日期。编绘日期是指全套成果图完成的日期。复制的图纸，应注明原成果图完成的时间。

修改的规划图纸，成为新的成果图的，应注明修改完成的日期。

有图标的图纸，在图标内标准绘制日期；没有图标的，在规划图纸下方，署名位置的右侧标注编绘日期。

（9）**图标**

图纸上可用图标记录规划图编制过程中，规划设计人与规划设计单位技术责任关系和项目索引等内容。

用于张贴、悬挂的规划图可以不设图标；用于装订成册的环境规划图册，在规划图册的目录页的后面应统一设图标或每张图纸分别设置图标。

图纸的图标应该位于规划图的下方。

图纸内容较宽，一幅图纸底部难以放下图标的规划图，宜把图标等内容放到图纸的另一侧；一幅图纸下部能放下图标的规划图，图标应放在图纸的下方。

（10）**文字与说明**

图纸上的文字、数字、代码，均应笔画清晰、文字规范、字体易认、编排整齐、书写端正。标点符号的运用应准确、清楚。

图纸上的文字应该使用中文标准隶体、宋体、仿宋体、黑体，不得使用美术字体。

图纸上的文字、数字应用于图题、图例、图标、指北针、图例、署名、规划日期、地名、路名、水系名、设施名、环境要素名、规划参数等。

（11）**图幅规格**

图幅规格为 A3。

（12）**图号顺序**

图纸的顺序宜按要素排列，且现状图在前，分析图在中，规划图在后。

（13）**图纸数量与图纸的合并绘制**

图纸的数量应该根据规划对象的特点、规划内容的实际情况、规划工作需要表达的内容决定。

各种专业或不同专业的内容的规划图，在不影响图纸内容识别的前提下，均可合并绘制。

（14）**地形图**

使用的地形图，应采用测绘行政主管部门最新公布的地形图纸。

使用的地形图，必须及时由测绘单位对已变更了的地形要素进行修测、补测、清绘后方可使用。

使用的地形图，不得使用不同比例尺的地形图，经缩小、放大、拼接后的地形图；不得直接将小比例尺的地形图纸放大作为大比例尺的地形图纸使用。

图纸上应能看出原有地形、地貌、地物等地形要素。

使用有地形底纹的图纸绘制环境保护规划图时，地形底纹的色度要浅、淡；不同的规划图，可根据需要对地形图中的地形要素做必要的删减。

（15）**图例**

图纸均应标绘有图例。图例由图形（线条或色块）与文字组成，文字是对图形的注释。环境保护规划图的图例应绘制在下方或下方的一侧。具体图例样式见表 7-1。

表 7-1　规划要素图例

图　例	名　称	说　明
一、环保设施		
●	脱硫设施（或者无害化垃圾处理厂、污水处理厂） 现状设施采用黑色符号表示，近期规划设施采用绿色符号表示，中远期规划设施采用红色符号表示	标明脱硫设施、无害化垃圾处理厂、污水处理厂的名称
二、环境监测网		
● 海域监测点位 ▲ 水库监测点位 十 河流监测点位 ☆ 大气监测点位	现状监测点位用蓝色符号表示，规划新增监测点位用红色符号表示	标明海域监测点位、水库监测点位、河流监测点位、大气监测点位名称
三、生态保护区		
▭	自然保护区采用绿色符号表示，饮用水水源保护区采用蓝色符号表示 森林公园采用黄色符号表示，风景名胜区采用紫色符号表示，地质公园采用灰色符号表示	标明自然保护区、水源地、森林公园、风景名胜区、地质公园名称

图 例	名 称	说 明
四、污染物浓度分布		
2.6 2.8 3.0	污染物浓度一类标准线采用红色线表示，污染物浓度二类标准线采用粉色线表示	标明污染物浓度一类标准值、二类标准值
五、城镇		
◉	县级市	县级设市城市
●	县城	县（旗）人民政府所在地镇
⊙	镇	镇人民政府驻地
六、行政区界		
—— · - · —— · - · ——	省界	也适用于直辖市、自治区界
—— · — · ——	地区界	也适用于地级市、盟、州界
— · — · — · —	县界	也适用于县级市、旗、自治县界
—— · - · ——	镇界	也适用于乡界、工矿区界
— — — —	通用界限（1）	适用于城市规划区界、规划用地界、地块界、开发区界、文物古迹用地界、历史地段界、城市中心区范围等
— · — · —	通用界限（2）	适用于风景名胜区、风景旅游地等地名要写全称
七、交通设施		
码头图例	码头	500 吨位以上码头

图　例	名　称	说　明
支线 ▬▬ 支线 ╪╪ 地方线 ╫	铁路	站场部分加宽
G104（二） ══════	公路	G—国道（省、县道写省、县） 104—公路编号 （二）—公路等级（高速、一、二、三、四）
⊖	公里客运站	
八、地形、地质		
i_3 i_2 i_1	坡度标准	$i_1=0\sim5\%$　　$i_2=5\%\sim10\%$ $i_3=10\%\sim25\%$　$i_4\geqslant25\%$
九、城镇体系		
◉	城镇规模等级	单位：万人
Ⓘ	城镇职能等级	分为：工、贸、交、综等

图　例	名　称	说　明
十、郊区规划		
	村镇居民点	居民点用地范围应标明地名
	农业生产用地	不分种植物种类
十一、城市交通		
	快速路	
	城市轨道交通线路	包括：地面的轻轨、有轨电车…… 地下的地下铁道……
十二、城市交通		
	主干路	
	次干路	
	支路	
	加油站	
十三、给水、排水		
	水厂	应标明水厂名称、制水能力

图　　例	名　　称	说　　明
	雨水管道	小城市标明 250mm 以上管道、管径大中城市根据实际可以放宽

7.4.3　基础系列图件的绘制要求

　　环境保护总体规划图集专题包括基础系列和非基础系列两大类图件，基础系列图件是必须要绘制的图件，主要有："污染物排放量分布现状及规划图"（二氧化硫、氮氧化物、烟粉尘、化学需氧量、氨氮）、"污染物排放量变化空间分布图"、"污染物浓度分布现状及规划图"、"主要脱硫设施建设规划图"、"集中供热区域规划图"、"主要集中污水处理设施规划图"、"噪声污染控制规划图"、"固体废物处置规划图"、"生态保护区现状及规划图"、"环境监测网现状及规划图"等；非基础系列图件可以根据各地的具体情况来进行选择绘制。

　　编制形式不同会给环境保护工作带来很多困难，因此对于基础系列图件的绘制做出统一的要求。

　　"污染物排放量分布图"和"污染物排放量变化空间分布图"　采用分级统计图表示的方法，用颜色以相对数量分级反映等级差别。分级统计图法可以清晰明了地表达各行政单元污染物排放量的大小关系以及规划前后污染物排放量变化情况。

　　"污染物浓度分布图"　采用等值线与区域渐变色联合的表示方法，来反映浓度连续分布且均匀递变的情况及图上任一点的浓度值。对于等值线表示方法来说，用冷色和中性色（大气环境类污染物采用黄色系，水环境类污染物采用蓝色系）表示污染物实际浓度线，以颜色的浓淡变化表示污染程度的轻重变化。浓度等值线中的标准线以醒目的颜色突出表示，一类标准线用红色，二类标准线用粉色。对于区域渐变色表示方法来说，采用的色调要与等值线的色调有所区分，但不能反差太大。

　　"污染设施建设规划图"　采用点状符号法，该方法能精确地反映污染设施的位置、数量指标和动态变化。以圆点符号代表规划设施，近期规划设施采用绿色符号表示，中远期规划设施采用红色符号表示。

　　"生态保护区现状与规划图"　采用面状符号表示方法，现状生态保护区用绿色斑块表示，规划新增生态保护区用粉色斑块表示。

　　"环境监测网现状及规划图"　采用点状符号表示方法，现状监测点位用蓝色符号表示，规划新增监测点位用红色符号表示。各类型的监测点位采用不同形状的点状符号，其中海域监测点位用圆形符号，水库监测点位用三角形符号，河流监测点位用十字形符号，大气监测点位用五角星符号。

7.5　环境保护总体规划图集坐标系统选择

7.5.1　传统绘图坐标系统

目前，在城市规划与土地规划中，我国常用的坐标系是 1954 年北京坐标系和 1980 年西安坐标系。而各地区针对绘制不同的图选取的坐标系有所不同。

对于制作城市规划图而言，《城市规划制图标准》（CJJ/T 97—2003）中对坐标系选取有明确规定：单点定位应采用北京坐标系或西安坐标系坐标定位，不宜采用城市独立坐标系定位。在个别地方使用坐标定位有困难时，可以采用与固定点相对位置定位（矢量定位、向量定位等）。实际中，各省市在绘制城市规划图时对制图所选取的坐标系有各自的标准。如《天津市城市规划管理技术》规定：城市规划编制和管理，坐标系应当采用 1980 年西安坐标系和 1990 年天津市任意直角坐标系。而柳州在城市规划时要求坐标系统一采用 1954 年北京坐标系。

对于制作土地利用规划图而言，国土资源部制定了《全国市县乡级土地利用总体规划制图规范》（2009 年 11 月），该规范中规定，在制作土地利用规划图时，正式图件的平面坐标系统采用"1980 年西安坐标系"。因此，各市、县、乡在这一规定下均采用了"1980 年西安坐标系"作为土地利用规划制图的坐标。

"1954 年北京坐标系"和"1980 年西安坐标系"在城市规划、土地规划、环境保护规划中发挥了巨大作用。但是由于在规划过程中没有选择全国统一的坐标系，而且北京坐标系和西安坐标系的精度相对偏低，所以无法满足相关规划发展的要求。

7.5.2　新坐标系统

经国务院批准，根据《中华人民共和国测绘法》，国家测绘局发布公告，自 2008 年 7 月 1 日起，我国启用新的地心坐标系——2000 国家大地坐标系（CGCS2000），2008 年 7 月 1 日后新生产的各类测绘成果、新建设的地理信息系统都应采用 2000 国家大地坐标系。这是我国最新的国家大地坐标系，它是原点位于地球质量中心的三维国家大地坐标系，城市规划、土地利用规划、环保规划等领域统一使用该标准，可以减少坐标间转化和由此带来的误差。

目前，我国很多地区已经开始推行 2000 国家大地坐标系。如宁波市于 2009 年 10 月已经完成了"宁波市 2000 国家大地坐标系联测及数据处理"基础测绘任务，南宁市开发了专业应用软件，实现历史测绘成果与 2000 国家大地坐标系间的数据严密相互转换关系，确保涉及物权管理等系列测绘成果的稳定性和延续性，为推广 2000 国家大地坐标系提供技术支持。此外，湖南省、吉林省、浙江省、辽宁省等也都开展了启用 2000 国家大地坐标的工作。随着该项工作的进一步完善，城市规划、土地利用规划等图集坐标将逐步采用 2000 国家大地坐标系，环保规划也将采用该坐标系。

7.6 电子地图集

在原纸质地图集制作的基础上，基于"超图"（Super Map）GIS 平台建立环境保护总体规划电子地图集。电子地图集由数据、软件、辅助资料、模型与方法四部分组成。其中，数据是图集的信息主体或核心，包括矢量地图、栅格地图、属性数据三种；辅助资料是数据部分的辅助内容，包括说明性文字、实物图片、实景录像和声音资料等；模型和方法是在对地图集信息表达、分析、模拟等操作中不可缺少的驱动工具或驱动因子，包括符号模型、色彩模型、表达方法、分析与模拟模型等；软件则对上述数据、辅助资料、模型与方法等进行有机的组织、连接。

电子地图集具有阅览、表达—模拟、量测分析、查询检索、分析等功能。

图集阅览功能包括图集目录阅览、分幅地图阅览、地图跳转和切换等功能。例如，可以同时打开不同年份的污染物排放量图浏览并进行对比，分析排放量变化情况。

信息表达和模拟功能除基本的二维地图显示和表达之外，还可以包括索引对比显示（即"鹰眼"式全局图与大比例尺局部图的对比与索引）、交互图例显示（即按图例面板上的分类对象进行交互式的激活显示）、地图动画模拟（按时间或其他系列组成的自变量轴变化）等。电子地图集将原纸质地图集中许多地图图幅分解为多幅地图，有栅格地图、二维矢量地图以及各种形式的动态地图等。将这些地图组成地图单元，例如水资源地图单元包括年降水量的二维矢量地图以及各月的降水量动态变化地图，以多种表达方法从不同侧面反映了城市降水量的分布特点和分布规律。

电子图集具有一定的分析和查询功能，如量算保护区长度、面积，量算污染处理设施坐标，从空间到属性的查询和从属性到空间的查询，地图叠置分析等。这些功能可大大提高电子地图集的实用价值。

第8章 环境保护总体规划指标体系

环境保护总体规划指标体系是在一定时空范围内所有环境因素构成的环境系统的整体反映，是在环境调查的基础上，通过搜集、整理和分析资料而建立起来的，包括社会、经济、人口、环境等指标。根据规划指标在区域环境保护总体规划中的作用以及约束的不同，把区域环境保护总体规划指标分作指令性规划指标、指导性规划指标和相关性规划指标三大类。环境保护总体规划编制实践中应当根据规划对象、所要解决的主要问题、情报资料拥有量以及经济技术力量等条件，以能基本表征规划对象的实际状况和体现规划目标内涵为原则来选取适当的指标体系。

8.1 环境保护规划指标体系的发展

8.1.1 环境保护五年规划指标的演进历程

近40年来，随着环境需求的变化，中国环境保护规划经历了探索起步、研究尝试、逐步发展、深化提高、全面铺开5个阶段，体现在环境指标构成上则表现出分类更加细化的趋势，同时环境指标与环境保护工作的重点挂钩的趋势也越来越强。

"六五"时期环境保护目标被列入社会经济发展计划，"七五"时期制定了第一个国家环境保护五年计划。"六五、七五、八五"环境保护计划指标主要是环境质量指标和环境管理指标，体现的是污染控制特点，尤其是"八五"期间，环境管理和水污染防治的指标结构特点明显；"九五"环境保护计划第一次提出了总量控制指标；"十五"环境保护计划则是按领域突出总量—质量的指标结构；"十一五"环境保护规划指标呈现出以主要污染物总量控制为主线，以改善环境质量为目的的特点，而且将二氧化硫排放量和化学需氧量排放量确定为约束性指标，要求各级政府必须完成。

从"八五"到"十五"环境保护计划，主要指标基本上由六部分组成，结构比较相近。在这 3 个五年环境保护计划中，始终保留着工业污染防治和城市环境保护指标。"八五"到"十五"分别有工业污染防治指标 19、25、2 项；分别有城市环境保护指标 12、15、8 项。"十一五"环境保护规划只保留了总量控制指标和环境质量指标这两大类。

从"八五"到"十一五"，环境规划指标数量总体呈现出先增长后下降的变化的趋势，反映出环境保护规划从微观走向宏观的发展方向。初步统计，"八五"共有环境保护指标 65 项；"九五"共有环境保护指标 69 项；"十五"共有环境保护指标 155 项；"十一五"仅有 5 项指标。

表 8-1　"八五"到"十一五"环保规划（计划）指标的结构与数量

"八五"计划指标结构	指标数	"九五"规划指标结构	指标数	"十五"规划指标结构	指标数	"十一五"规划指标结构	指标数
综合计划指标	13	综合计划指标	13	总量控制	6	总量控制	2
工业污染防治	19	工业污染防治	25	工业污染防治	2	环境质量	3
城市环境综合整治	12	城市环境保护	15	城市环境保护	8		
水环境保护	6	生态环境保护	12	生态环境保护	6		
农村和乡镇企业	8	海洋环境保护	3	农村环境保护	65		
自然保护区和物种保护	1	全球环境保护	1	重点地区环境保护	68		
环境管理	6						
合　计	65		69		155		5

8.1.2　规划指标发展趋势

（1）环境质量指标

①引入 $PM_{2.5}$ 指标

对比分析中美两国大气环境质量标准中的污染物项目可以发现，我国标准中多了对总悬浮物（TSP）、苯并[a]芘、氟化物的浓度规定，缺少对 $PM_{2.5}$ 的浓度规定。

表 8-2　中美大气环境质量标准污染物项目对比表

污染物项目	中　国	美　国
SO$_2$	√	√
TSP	√	
PM$_{10}$	√	√
PM$_{2.5}$		√
NO$_2$	√	√
CO	√	√
O$_3$	√	√
Pb	√	√
苯并[a]芘	√	
氟化物	√	

　　由于我国的环境意识较之美国存在着时空上的差距，所以在环境保护问题上做出的反应相对于美国也是滞后的。当美国已经基本解决 TSP、苯并[a]芘、氟化物的污染问题时，中国不得不根据本国的大气污染状况对这几种污染物的浓度做出规定。

　　目前我国刚刚出台 PM$_{2.5}$ 颗粒物标准，但这个标准距国际水准还有一定差距。环保部决定 2013 年在全国实行新的环境空气质量标准。

　　②引入降尘指标

　　降尘又称"落尘"，指空气动力学当量直径大于 10 μm 的固体颗粒物。它反映颗粒物的自然沉降量，是反映大气尘粒污染的主要指标之一。通常用降尘量来判断大气的清洁度。降尘量是指每月在每平方千米面积上降落尘埃的吨数，一般降尘量达到每月每平方千米 30 t，为中度大气污染；降尘量达每月每平方千米 50 t 以上，为重度大气污染。

　　目前我国大气环境质量标准中尚无对降尘的相应规定，但是部分省市制定了相关标准，考虑到其特殊的指示含义，建议将其纳入环境保护总体规划指标体系中。

　　（2）总量控制指标

　　①氨氮和氮氧化物纳入体系

　　近年的环境质量公报显示，地表水中的氨氮已经逐步成为最主要的污染项目，甚至已超过化学需氧量，成为影响地表水环境的首要指标。水中的氨氮已使得水体酸化和富营养化，出现了大量的蓝藻问题。

　　据卫星监测发现，2006 年后我国上空的二氧化硫开始急剧下降，降幅大约在

20%，但空气中的氮氧化物的浓度却在增加，甚至已经超过了二氧化硫，成为空气中的主要污染物。酸雨和灰霾现象并没有减轻，一些地区反而变得更加严重，而且现在的酸雨也已由硫酸型酸雨转向硝酸型酸雨。

2010 年环保部公布的《"十二五"主要污染物总量控制规划编制技术指南（征求意见稿）》中出现了两个"实施总量控制"新指标，即氨氮和氮氧化物。此后《国家环境保护"十二五"规划（征求意见稿）》也规定了新增的氨氮和氮氧化物的减排标准。这两份文件说明，"十二五"我国新增氨氮和氮氧化物两项环保硬指标已确定无疑。因此，建议将氨氮和氮氧化物指标纳入环境保护总体规划指标体系。

②重金属实施总量控制

近年来，重金属污染事件频发，已引起我国政府及相关部门的高度重视。环保部于 2009 年讨论并原则通过《重金属污染综合整治实施方案》。其后，环保部等七部委又出台了《关于加强重金属污染防治工作的指导意见》，针对我国一些地区连续发生重金属污染事件，提出指导意见，目标是到 2015 年使重金属污染得到有效控制。2011 年，《重金属污染综合防治"十二五"规划》已被国务院正式批复，成为了"十二五"首个专项规划。规划要求全面排查整治重金属排污企业，优化涉重金属产业结构，完善重金属污染防治体系。

鉴于国家对重金属的重视及相关规划文件的颁布实施，建议将重金属纳入环境保护总体规划总量控制指标。

（3）相关指标

单位国民生产总值二氧化碳排放成为约束性指标。

就落实 2020 年控制温室气体排放行动目标的有关问题，国家发改委组织完成了我国"十二五"规划应对气候变化工作思路研究报告，提出了"十二五"应对气候变化战略和发展低碳经济思路，积极推进在"十二五"规划中加强和完善应对气候变化内容，将单位国内生产总值二氧化碳排放作为约束性指标纳入规划。因此，环境保护总体规划也应将该指标纳入系统。

8.2　环境保护总体规划指标体系的构建

8.2.1　指标体系定义

指标指的是衡量目标的单位或方法，是能够综合反映事物现象的综合尺度。反映自然、社会、经济状况的指标多种多样，环境保护总体规划指标自然也应包含这些范畴，但又不可能包揽所有的社会、经济和自然环境指标。环境保护总体规划指标是直接反映现象以及相关的事物，并用来描述环境保护总体规划内容的总体数量和质量的一系列特征值。环境保护总体规划指标应当包含两方面的含义：一方面是表示规划指标的内涵和所属范围的部分，即规划指标的名称；另一方面是表示规划指标数量和质量特征的数值，即经过调查登记、汇总整理而得到的数据。环境保护总体规划指标是环境保护总体规划工作的基础，并运用于整个环境保护总体规划实施过程之中。

指标体系是用来描述事物总体特性，是若干个相互联系的数量和质量指标所组成的有机体集合。环境保护总体规划指标体系是指进行环境保护总体规划定量或半定量描述时所必需的数据指标总和。如区域的地质、地形、地貌、气象与气候、水文、土壤和生物等自然生态指标；区域的人口密度、经济结构和密度、交通密度以及环境资源利用强度和效率等社会经济指标；污染物产生量、排放量等污染源防控指标；污染物浓度分布及对此做出的一定评价等级的环境质量评价指标；反映区域总体水平的区域环境综合整治指标、区域环境安全保障指标、环境基本公共服务指标以及环境设施建设指标等。

8.2.2　指标体系选取的原则

建立环境保护总体规划指标体系，就是要建立起能全面、准确、系统和科学地反映各种环境现象特征和内容的一系列环境保护目标。为了切实地搞好这项工作，必须遵循一定的原则进行。

（1）**整体性原则**

环境保护总体规划指标体系要求环境保护指标完整、全面，既有反映环境保护规划全部内容的环境指标，又有在环境保护规划过程中所使用的社会、经济等指标，并由此构成一个完整的环境保护总体规划指标体系。一个正确的、合理的、可操作的指标体系，必然是对综合要素实行抽象化与概念化的结果。

（2）**科学性原则**

指标或指标体系能全面、准确地表征规划对象的特征和内涵，能反映规划对象的动态变化，具有完整性特点，并且可分解、可操作、方向性明确。设立环境保护指标体系很重要的一个目的是据此设定环境保护目标，所以指标的设定要考虑环境总体规划的内容，只有与规划措施、方案等关系密切的指标，才能衡量出环境保护措施的实施效果，达到规划目标的程度。

（3）**规范化原则**

指标的含义、范围、量纲、计算方法具有统一性或通用性，而且在较长时间内不会有大的改变，或者可以通过规范化处理，可与其他类型的指标表达法进行

比较。规范性主要体现在分类和度量上。各种指标的特定性质不同，需要分类与
规范化处理。具体指标的含义和度量方法，需要有规范或常用的意义和方法，尽
可能用国家标准统计指标和环境保护统计指标中的规范指标；环境保护总体规划
指标也要与环境标准等相连接，可以用标准来度量。

（4）适应性原则

体现环境管理的运行机制，与环境统计指标、环境监测项目和数据相适应，
以便于规划和规划实施的检查。此外，所选指标还应与经济社会发展规划的指标
相联系或相呼应。

（5）系统性原则

指标能够反映环境保护的战略目标、战略重点、战略方针和政策；反映区域
经济社会和环境保护的发展特点和发展需求。环境保护总体规划指标体系要求规
划指标全面，既要从整体上反映环境保护总体规划全部的内容，还要包括必要的
社会、经济等项指标，各项指标还需要有一定的关联，各种指标的有机联系，可
以系统地给出描述环境社会经济问题的整体框架结构。

（6）选择性原则

环境保护总体规划指标体系要注意选取那些具有现实性、独立性、代表性和
必要性的指标。既要选取区域环境整治综合指标，更要选择具有代表性和可比性
的指标，从而真正体现区域环境综合整治水平并使其能够得到客观、准确评价。

（7）可行性原则

环境保护总体规划的最终归宿是实施，因此环境保护总体规划指标体系必须
根据环境保护总体规划的要求来设置，根据具体的规划内容来确定相应的规划指
标体系，使其具有可度量性、可操作性、可控性、可评价性和可行性，从而保证
环境保护总体规划的顺利实施。

8.2.3　指标体系类型

为了全面、合理地评价区域环境的现状与未来发展趋势，对区域性质、规模、
结构、土地利用及环境容量等进行定量或半定量的测定和预测，对区域的发展做
出科学的规划，实行准确的控制、调整和反馈，使区域社会、经济和环境相协调、
可持续发展，制定出一套科学的、能够真实反映区域环境质量状况和社会经济发
展状况的指标体系是非常必要的。

环境规划指标是在环境调查的基础上，通过搜集资料和整理分析而建立起来
的，包括经济、人口、环境等指标。由于规划的目的、要求、范围、内容等不同，
所需建立的环境规划指标体系也不尽相同。环境规划指标的多少要根据具体情况

来定，如果环境规划指标过多，会给统计工作带来困难，而规划指标太少，又难保证环境规划的可行性和决策的科学性。因此要针对规划对象、所要解决的主要问题、现有环境统计的可能性以及经济技术力量等条件，以能基本表征规划对象的实际情况和体现规划目标内涵为原则来建立环境规划指标体系。一般环境规划指标体系既包括环境指标，又包括有关社会、经济指标。

环境规划指标的内容应体现环境管理的运行机制；体现环境保护的规模、速度、比例、技术水平、投资与效益；要反映经济、社会活动过程中环境保护的主要方面和主要过程；反映环境保护的战略目标、方向、重点及环境保护的方针、政策等。

根据规划指标在环境保护总体规划中的作用以及约束的不同，可以把环境保护总体规划指标分为指令性规划指标、指导性规划指标和相关性规划指标三大类。

指令性规划指标　指令性规划指标是指按照国家环境质量标准以及有关政策和法规的要求，必须完成和执行的指标。指令性规划指标包括"三废"总量控制指标、"三废"治理指标、环境质量指标、环境安全保障指标和技术水平指标等。

指导性规划指标　指导性规划指标是指区域可以自行决定在规划期内完成和执行的指标。指导性规划指标又分为环境管理指标和生态环境指标。环境管理指标包括科研、管理、教育、经费及环境设施建设等规划指标；生态环境指标包括自然保护区、水土流失、土地沙化及森林覆盖率等。

相关性规划指标　相关性规划指标不是直接的环境因素指标，而是影响区域环境质量在区域环境保护规划中所采用的有关指标，如区域人口密度、人口分布、经济规模、资源利用强度和效率、生产布局、产业结构、能源结构等规划指标。

8.2.4　指标体系构建

关于环境保护规划指标体系的研究工作虽然已在深入进行，但是由于建立一套科学的、反映区域环境质量状况和社会经济发展状况的指标体系极其复杂，因为它几乎涉及了人类活动的每个方面，所以迄今为止，环境保护规划尚未形成公认、统一的指标体系。

此外，在实际进行环境保护规划时，由于规划的目的、要求、范围、内容等不同，也导致了所要求建立的环境保护规划指标体系类型多样：从数量上来看，有几十个的，也有几百个的；从内容上来看，有数量方面的指标，也有质量方面的指标和管理方面的指标；从表现形式上来看，有总量控制指标，也有浓度控制指标；从复杂程度上来看，有综合性指标，也有单项指标；从范围上来看，有宏观指标，也有微观指标；从地位和作用上来看，有决策指标，也有评价指标和考核指标；从其在环境保护规划中的作用上来看，有指令性规划指标，也有指导性规划指标和相关性指标。环境保护总体规划指标按其表征对象、作用以及在环境保护规划中的重要度或相关性可初步分为环境质量指标、污染物总量控制指标、环境保护规划措施与管理指标以及相关性指标四类。

（1）环境质量指标

环境质量指标主要表征自然环境要素和生活环境的质量状况，一般以环境质量标准为基本衡量尺度。环境质量指标是环境保护总体规划的出发点和归宿，所有其他指标的确定都是围绕完成环境质量指标进行的。

①环境质量标准

环境质量标准是为保障人群健康、维护生态环境和保障社会物质财富，并考虑技术、经济条件，对环境中有害物质和因素所作的限制性规定。环境质量标准是一定时期内衡量环境优劣程度的标注，从某种意义上讲是环境质量的目标标准。

▲环境空气质量标准（GB 3095—2012）

环境空气质量标准规定了环境空气质量功能区分类、标准分级、污染物项目、平均时间及浓度限值、监测方法、数据统计的有效性及实施与监督等内容。

我国环境空气质量功能区划分为两类：一类区为自然保护区、风景名胜区和其他需要特殊保护的区域；二类区为居住区、商业交通居民混合区、文化区、工业区和农村地区。

我国环境空气质量标准也分为二级：一类区适用一级浓度限值、二类区适用二级浓度限值。

▲水环境质量标准

地表水环境质量标准（GB 2828—2002）规定了水环境质量应控制的项目及限值，以及水质评价、水质项目的分析方法和标准的实施与监督。

依据地表水水域环境功能和保护目标，按功能高低依次划分为五类：Ⅰ类——主要适用于源头水、国家自然保护区；Ⅱ类——主要适用于集中式生活饮用水地表水水源地一级保护区、珍惜水生生物栖息地、鱼虾类产卵场、仔稚幼鱼的索饵场等；Ⅲ类——主要适用于集中式生活饮用水地表水水源地二级保护区、鱼虾类越冬场、洄游通道、水产养殖区等渔业水域及游泳区；Ⅳ类——主要适用于一般工业用水区及人体非直接接触的娱乐用水区；Ⅴ类——主要适用于农业用水区及一般景观要求水域。

对应五类水域功能，地表水环境质量标准基本项目标准值也分为五类，不同功能类别分布执行相应类别的标准值。

地下水环境质量标准（GB/T 14848—9）规定了地下水的质量分类，地下水质量监测、评价方法和地下水质量保护。

依据我国地下水水质现状、人体健康基准值及地下水质量保护目标，并参照生活饮用水、工业用水水质要求，将地下水质量划分为五类：Ⅰ类——主要反映地下水化学组分的天然低背景含量，适用于各种用途；Ⅱ类——主要反映地下水化学组分的天然背景含量，适用于各种用途；Ⅲ类——以人体健康基准值为依据，主要适用于集中式生活饮用水水源及工农业用水；Ⅳ类——以农业和工业用水要求为依据，除适用于农业和部分工业用水外，适当处理后可作生活饮用水；Ⅴ类——不宜饮用，其他用水可根据使用目的选用。

▲声环境质量标准（GB 3096—2008）

声环境质量标准规定了五类声环境功能区的环境噪声限值及测量方法。

按区域的使用功能特点和环境质量要求，声环境功能区分为以下五种类型：0类声环境功能区——指康复疗养区等特别需要安静的区域；1类声环境功能区——指以居民住宅、医疗卫生、文化教育、科研设计、行政办公为主要功能，需要保持安静的区域；2类声环境功能区——指以商业金融、集市贸易为主要功能，或者居住、商业、工业混杂，需要维护住宅安静的区域；3类声环境功能区——指以工业生产、仓储物流为主要功能，需要防止工业噪声对周围环境产生严重影响的区域；4类声环境功能区——指交通干线两侧一定距离之内，需要防止交通噪声对周围环境产生严重影响的区域，包括4a类和4b类两种类型。4a类为高速公路、一级公路、二级公路、城市快速路、城市主干路、城市次干路、城市轨道交通（地面段）、内河航道两侧区域；4b类为铁路干线两侧区域。

城市区域应按照 GB/T 15190 的规定划分声环境功能区，分别执行本标准规定的 0、1、2、3、4 类环境功能区环境噪声限值。

②环境质量指标

依据国家发布的相关环境质量标准，选取能代表自然环境要素（大气、水）和生活环境（如安静）的质量状况的指标作为环境质量指标。

大气环境质量指标　大气环境质量指标主要有：二氧化硫（SO_2）、氮氧化物（NO_x）、二氧化氮（NO_2）、总悬浮颗粒物（TSP）、可吸入颗粒物（PM_{10}）、可入肺颗粒物（$PM_{2.5}$）、臭氧（O_3）等。

水环境质量指标　水环境质量指标主要有：化学需氧量（COD）、氨氮（NH_3-N）、生化需氧量（BOD）、溶解氧（DO）、总氮（湖/库以 N 计量）、总磷（以 P 计量）、重金属浓度、粪大肠菌群等。

噪声环境质量指标　噪声环境质量指标主要有交通噪声、功能区噪声等。

（2）污染物总量控制指标

①总量控制的定义

总量控制要根据区域环境目标（环境质量目标或排放目标）的要求，预先推算出达到该环境目标所允许的污染物最大排放量，然后再通过优化计算，将允许排放的污染物指标分配到各个污染源，排放指标的分配应当根据区域汇总各污染源不同的地理位置、技术水平和经济承受能力进行。总量控制包含三个方面的内容：排放污染物的总质量、排放污染物总量的地域范围、排放污染物的时间范围。

②总量控制的分类

根据总量控制目标的确定方法不同，可划分为目标总量控制和容量总量控制。所谓目标总量控制，是指国家本着经济社会与环境协调发展的原则，依据经济发展的阶段特征和环境质量的实际状况，确定全国乃至各地区污染物排放总量控制指标的一种总量控制方法。目标总量控制一般是以指令性总量控制的方式来实施的，如将排放污染物总量控制指标列为国家国民经济和社会发展五年规划的约束性指标。所谓容量总量控制，是根据当地实际的环境容量来确定污染物排放总量控制指标的一种总量控制方法，即主要是根据环境容量来确定总量控制指标。容量总量控制体现环境的容量要求，是自然约束的反映；目标总量控制体现规划的目标要求，是人为约束的反映。我国现在执行的指标体系是将两者有机地结合起来，同时采用。

根据总量控制实施的区域范围不同，可划分为国家总量控制计划、省级总量控制计划、城市总量控制计划和企业总量控制计划等。相应的总量控制制度也就是在国家、省级、城市、企业范围内实施。

根据管理角度不同，可划分为宏观总量控制、中观总量控制、微观总量控制。宏观总量控制，即宏观目标的总量控制，是指国家或地区、城市为了宏观上控制污染物发展趋势对污染物排放总量规定具体指标要求的控制方式。从"九五"期间起全国主要污染物排放总量控制计划规定了全国和各地区几种主要污染物排放总量，并要求逐步分解到地、市，实现宏观总量控制。中观总量控制，即流域或地区容量总量控制，具体指污染治理的重点流域、区域，以环境质量为目标，考虑污染物排放与环境容量的关系，确定排污总量并将污染物负荷分解到源的控制方式。通过中观层次的总量控制能达到环境容量优化使用。微观总量控制，它是针对具体污染源，也就是每个排污企业或单位，从生产全过程控制污染物的产生、治理和排放，以满足允许排放量的要求或达标排放要求的控制方式。

根据环境污染总量控制实施的阶段不同，可划分为初级总量控制、中级总量控制、高级总量控制。初级总量控制是对重点污染源的重点污染物实行排放总量控制和削减量的规划分配，通过规划计划或排污许可证制度，将某种污染物允许排放量的削减分配到排污单位。中级总量控制是对整个区域的重点污染物的环境容量总量控制，它是运用环境质量模型进行计算，反推环境允许纳污量。高级总量控制是对环境质量的综合控制，它不仅控制全部污染物的污染源排污量，而是主动改善生态环境，增加环境容量，扩大允许排污总量，提高环境质量，实现环境质量的综合控制，避免局部的环境过度保护或保护不足。

根据控制污染物的类型不同，可划分为大气污染物排放总量控制、水污染物排放总量控制和固体废物排放总量控制。

③污染物总量控制指标

污染物总量控制指标主要包括大气污染物排放指标、空气污染治理指标、水污染物排放指标、水污染治理指标、噪声污染治理指标、固体废弃物排放量指标和固体废弃物治理指标等。

污染物总量控制指标将污染源与环境质量联系起来考虑，其技术关键是寻求源与汇（受纳环境）的输入响应关系，这与目前盛行的浓度标准指标有根本区别。浓度标准指标里对污染源的污染物排放浓度和环境介质中的污染物浓度作出了规定，易于监测和管理，但此类指标对排入环境中的污染物量无直接约束，未将源与汇结合起来考虑。

（3）措施与管理指标

环境保护总体规划措施与管理指标是首先达到污染物总量可控制指标，进而达到环境质量指标的支持性和保证性指标。这类指标有的由环境保护部门为规划的实施与管理需要提出，有的则属于城市总体规划实施中对环境的要求。但这类指标的完成与否同环境质量的优劣密切相关，因而将其列入环境保护总体规划中。

环境保护总体规划措施与管理指标主要包括城市生活污水处理率、城镇生活污水集中处理率、城市生活垃圾无害化处理率、城镇垃圾无害化处理率、建成区人均绿地面积、受保护地区占国土面积比例、城市建成区绿化覆盖率、城市集中供热普及率等指标。

（4）相关指标

相关性指标主要包括经济指标、社会指标和生态指标三类。相关性指标大都包含在国民经济和社会发展规划中，都与环境指标有密切的联系，对环境质量有深刻的影响，但又有环境保护总体规划所包容不了的。因此，环境保护总体规划将其作为相关指标列入，以便更全面地衡量环境保护总体规划指标的科学性和可行性。对于区域来说，生态类指标也为环境保护总体规划所特别关注，它们在环境保护总体规划中将占有越来越重要的地位。

相关性指标主要有国民生产总值、人口总量、森林覆盖率、水资源总量等。

8.3　环境保护规划指标体系的范例

在综合分析各个时期和类型的指标体系后，本书提出了适用于环境保护总体规划的指标体系，详细类别与内容见表 8-3。该指标体系分为四大类、51 项指标，分别从环境质量、污染物总量控制、环境规划措施与管理指标和其他相关指标进行设置，该体系全面涵盖了社会、经济和环境相关领域，对规划目标进行指导和规定。

表 8-3　环境保护总体规划指标类别与内容

序号	类别		内容
1	环境质量指标	大气	空气质量达到一级标准的天数
2			空气质量达到和优于二级标准的天数
3			NO_x 年均值
4			NO_2 年均值
5			SO_2 年均值
6			PM_{10} 年均值
7			$PM_{2.5}$ 年均值
8		水环境	地表水达到地表水水质标准的类别
9			近岸海域 COD 年均值
10			近岸海域石油类年均值
11			近岸海域氨氮年均值
12			近岸海域磷年均值
13		噪声	区域噪声平均值
14			城市交通干线噪声平均升级
15	污染物总量控制指标	大气污染物宏观总量控制	SO_2 排放总量
16			NO_x 排放总量
17			烟尘排放总量
18			工业粉尘排放总量
19			SO_2 去除量和去除率
20			NO_x 去除量和去除率
21			烟尘去除量和去除率
22			工业粉尘去除量和去除率
23		水污染物宏观总量控制	废水排放总量
24			工业用水量和重复利用率
25			COD 产生量、排放量、去除量
26			BOD 产生量、排放量、去除量
27			重金属产生量、排放量、去除量

序号	类别		内容
28		工业固体废物宏观控制	工业固体废物产生量、处置量、堆存量、占地面积
29			工业固体废物综合利用量、综合利用率
30			有害废物产生量、处理量、处理率
31	环境规划措施与管理指标	城市环境综合整治	集中供热普及率
32			烟尘控制区面积及覆盖率
33			汽车尾气达标率
34			城市污水量、处理量、处理率
35			生活垃圾无害化处理量、处理率
36			工业固体废物集中处理能力
37			人均绿地面积
38		水域环境保护	饮用水水源水质达标率
39			监测断面 COD 平均浓度
40			监测断面 BOD 平均浓度
41			监测断面氨氮浓度
42		重点污染源治理	污染物处理量、削减量
43			工程建设年限、投资预算及来源
44		自然保护区建设与管理	自然保护区类型、数量、面积
45		投资	环保投资总额占 GDP 收入的百分数
46	相关指标	经济	国民生产总值
47		社会	人口总量与自然增长率
48		生态	森林覆盖率
49			水资源总量
50		环境、经济、社会协调	万元 GDP 能耗
51			万元 GDP 二氧化碳排放

8.4 环境保护规划年指标值选取

环境保护规划年指标值的确定可以从以下几个方面进行考虑：污染物排放量与环境质量的预测结果、环境容量计算结果、国家环境保护模范城市的考核要求、生态市建设考核要求、环境友好型城市环境指标、发达及中等发达国家环境质量平均水平、世界卫生组织环境质量标准要求及中国国家环境质量标准等。

根据区域环境特征、经济社会发展状况，有针对性地选取相关标准值，形成具有地方特色，符合相应标准的规划年指标。

8.4.1　国家环境保护模范城市的考核要求

国家环境保护模范城市其主要标志是：社会文明昌盛、经济快速发展、生态良性循环、资源合理利用、环境质量良好、城市优美洁净、生活舒适便捷、居民健康长寿。

表 8-4　国家环境保护模范城市考核指标及要求

序号	分类	考核指标及考核要求
1	基本条件	按期完成国家和省下达的主要污染物总量控制任务
2		近 3 年城市市域内未发生重大、特大环境污染和生态破坏事故，前 1 年未有重大违反环保法律法规的案件，制定环境突发事件应急预案并进行演练，近 3 年市域内未发生由环境污染问题产生的群体性事件
3		城市环境综合整治定量考核连续 3 年名列本省前列，已获国家环境保护模范城市称号的城市不考核此指标，对其持续改进工作情况进行年度考核，要求其所有指标均满足现行考核指标要求
4	经济社会	人均可支配收入达到 10 000 元，环境保护投资指数≥1.7%
5		规模以上单位工业增加值能耗近 3 年逐年降低，或＜全国平均水平（吨标煤/万元）
6		单位 GDP 用水量近 3 年逐年降低，或＜全国平均水平（吨/万元）
7		单位工业增加值主要工业污染物排放强度近 3 年逐年下降，或＜全国平均水平
8	环境质量	空气质量全年优良天数占全年天数 85% 以上且主要污染物年均值满足国家二级标准（城区）
9		集中式饮用水水源地水质达标
10		市辖区内水质达到相应水体环境功能要求，全市域跨界断面出境水质达到要求
11		区域环境噪声平均值≤60dB（A）（城区）
12		交通干线噪声平均值≤70dB（A）（城区）
13	环境建设	建成区绿化覆盖率≥35%
14		36 个大城市污水集中处理率≥95% 其他城市生活污水集中处理率≥80% 缺水城市污水再生利用率≥20%
15		重点工业企业污染物排放稳定达标
16		城市清洁能源使用率≥50%
17		机动车环保定期检测率≥80%
18		生活垃圾无害化处理率≥85%
19		工业固体废物处置利用率≥90%
20		危险废物依法安全处置

序号	分类	考核指标及考核要求
21	环境管理	环境保护目标责任制落实到位,环境指标已纳入党政领导干部政绩考核,制定创模规划并分解实施,实行环境质量公告制度,国家重点环保项目落实率≥80%
22		建设项目依法执行环评、"三同时",依法开展规划环境影响评价
23		环境保护机构独立建制,环境保护能力建设达到国家标准化建设要求
24		公众对城市环境保护的满意率≥85%
25		中小学环境教育普及率≥85%
26		城市环境卫生工作落实到位,城乡结合部及周边地区环境管理符合要求

8.4.2 生态市建设考核要求

生态市的创建是为了解决城市经济社会发展与生态环境建设之间矛盾,发展生产力以及提高人民生活质量,实现社会全面进步。生态市的基本条件:①制订了《生态市建设规划》,并通过市人大审议、颁布实施,国家有关环境保护法律、法规、制度及地方颁布的各项环境保护规定、制度得到有效的贯彻执行;②全市县级(含县级)以上政府(包括各类经济开发区)有独立的环境保护机构,环境保护工作纳入县(含县级市)党委、政府领导班子实绩考核内容,并建立相应的考核机制;③完成上级政府下达的节能减排任务,3年内无较大环境事件,群众反映的各类环境问题得到有效解决,外来入侵物种对生态环境未造成明显影响;④生态环境质量评价指数在全省名列前茅;⑤全市80%的县(含县级市)达到国家生态县建设指标并获命名,中心城市通过国家环保模范城市考核并获命名。

表 8-5 生态市建设指标

	序号	名 称	单 位	指 标	说 明
经济发展	1	农民年人均纯收入 经济发达地区 经济欠发达地区	元/人	≥8000 ≥6000	约束性指标
	2	第三产业占 GDP 比例	%	≥40	参考性指标
	3	单位 GDP 能耗	t 标准煤/ 万元	≤0.9	约束性指标
	4	单位工业增加值新鲜水耗 农业灌溉水有效利用系数	m³/万元	≤20 ≥0.55	约束性指标
	5	应当实施强制性清洁 生产企业通过验收的比例	%	100	约束性指标

	序号	名　　称	单　位	指　标	说　明
生态环境保护	6	森林覆盖率 山区 丘陵区 平原地区 高寒区或草原区林草覆盖率	%	≥70 ≥40 ≥15 ≥85	约束性指标
	7	受保护地区占国土面积比例	%	≥17	约束性指标
	8	空气环境质量	—	达到功能区标准	约束性指标
	9	水环境质量 近岸海域水环境质量	—	达到功能区标准，且城市无劣Ⅴ类水体	约束性指标
	10	主要污染物排放强度 化学需氧量（COD） 二氧化硫（SO_2）	kg/万元（GDP）	<4.0 <5.0 不超过国家总量控制指标	约束性指标
	11	集中式饮用水源水质达标率	%	100	约束性指标
	12	城市污水集中处理率 工业用水重复率	%	≥85 ≥80	约束性指标
	13	噪声环境质量	—	达到功能区标准	约束性指标
	14	城镇生活垃圾无害化处理率 工业固体废物处置利用率	%	≥90 ≥90 且无危险废物排放	约束性指标
	15	城镇人均公共绿地面积	m²/人	≥11	约束性指标
	16	环境保护投资占 GDP 的比重	%	≥3.5	约束性指标
社会进步	17	城市化水平	%	≥55	参考性指标
	18	采暖地区集中供热普及率	%	≥65	参考性指标
	19	公众对环境的满意率	%	>90	参考性指标

8.4.3　环境友好型城市环境指标

环境友好型城市的基本特征是：城市发展规划科学合理，明确城市的发展思路和定位，能充分体现环境友好的发展模式；环境友好的社会制度支撑，例如促进行政体制改革加强环境保护的公众参与制度，制定环境友好政策大法；建立人与自然、人与人的和谐、良好的环境文化氛围；城市要有足够的环境承载力，即市政基础设施尤其是环境保护基础设施功能完善；自然资源利用率高度集约化，能源资源利用率高，尽可能减少不可再生资源的消耗，最大限度地开发清洁能源，

"三废"最大限度地实现减量化、无害化、资源化；城市工业的发展要建立以循环经济为特征的生态工业园区，建立生态工业复合体系的示范工程；伴随知识经济的快速发展，提高产业结构使产品高科技化、环境可受化；城市环境质量良好，公园绿地立体化、合理化，城市的环境友好型逐步得到提高；提升公众关注环境的意识和环境道德并形成环境友好的生活和消费体系等。

表 8-6　环境友好型城市环境指标体系框架表

序号	准则层	指标层	单位	标准值
1	环境保护与控制指标	全年空气质量良好天数的比例	%	90
2		城市水域功能区水质达标率	%	100
3		集中式饮用水水源地水质达标	%	100
4		生活垃圾无害化处理率	%	80
5		城市生活污水集中处理率	%	85
6		城市环境噪声平均值	dB	52
7		交通干线噪声平均值	dB	65
8		清洁能源使用率	%	60
9		工业固体废物综合利用率	%	90
10		工业废气净化处理率	%	100
11		工业废水处理率	%	100
12		危险废物处置率	%	100
13		汽车尾气达标排放率	%	100
14	环境、经济、社会协调度指标	恩格尔系数		30
15		基尼系数		0.35
16		城市化水平	%	55
17		城市居民人均年收入	万元	2.2
18		人均居住面积	m²/人	35
19		城镇失业率	%	1.8
20		万元 GDP 能耗	t 标准煤	1.6
21		万元 GDP 水耗	m³	90
22		工业用水循环利用率	%	50
23		中水回用率	%	50
24		环保投资占 GDP 的比重	%	2.5
25	环境生态建设与管理指标	人均公共绿地面积	m²/人	12
26		森林覆盖率	%	40
27		建成区绿化覆盖率	%	35
28		自然保护区的面积占国土总面积的比重	%	12

序号	准则层	指标层	单位	标准值
29	环境生态建设与管理指标	建设项目环评执行率	%	100
30		建设项目"三同时"执行率	%	95
31		环境友好立法水平	个数	5
32		公众对城市环境保护的满意率	%	90
33		通过清洁生产审核和 ISO1400 认证的企业比例	%	100
34	环境伦理和意识	环境参与意识	%	30
35		环境道德意识	%	100
36		环境法治意识	%	80
37		环境关注意识	%	100
38		绿色消费意识	%	50

8.4.4　世界卫生组织空气质量标准

世界卫生组织（WHO）制定空气质量准则旨在为降低空气污染对健康的影响提供指导。在审视现有科学证据的基础上，WHO 提出了最常见空气污染物的修订准则值。除准则值外，对每一种污染物都给出了过渡时期目标值。这些目标值可作为逐步减少空气污染的渐进性步骤，主要用于污染较严重的地区。如果达到这些目标值，预期可以显著降低空气污染所造成的急性和慢性健康有害效应的风险。不过，逐步达到准则值仍应该是所有地区空气质量管理和降低健康风险的最终目标。

表 8-7　世界卫生组织空气质量准则　　　　　　　　单位：$\mu g/m^3$

污染物	取样时间	过渡期目标-1	过渡期目标-2	过渡期目标-3	准则值
$PM_{2.5}$	年平均	35	25	15	10
	日平均	75	50	37.5	25
PM_{10}	年平均	70	50	30	20
	日平均	150	100	75	50
O_3	8 小时平均	160			100
SO_2	日平均	125	50		20
	10 分钟				500
NO_2	年平均				40
	1 小时平均				200

8.4.5 中国国家环境质量标准

国家为保护人群健康和生存环境，对污染物（或有害因素）容许含量（或要求）所作的规定。环境质量标准体现国家的环境保护政策和要求，是衡量环境是否受到污染的尺度，是环境规划、环境管理和制订污染物排放标准的依据。我国现行环境质量标准框架主要包括大气环境质量标准、水环境质量标准和噪声环境质量标准。

表 8-8　环境空气质量标准（GB 3095—2012）

序号	污染物项目	平均时间	浓度限值		浓度单位
			一级	二级	
1	SO_2	年平均	20	60	$\mu g/m^3$
		24 小时平均	50	150	
		1 小时平均	150	500	
2	NO_2	年平均	40	40	
		24 小时平均	80	80	
		1 小时平均	200	200	
3	CO	24 小时平均	4	4	mg/m^3
		1 小时平均	10	10	
4	O_3	日最大 8 小时平均	100	160	$\mu g/m^3$
		1 小时平均	160	200	
5	PM_{10}	年平均	40	70	
		24 小时平均	50	150	
6	$PM_{2.5}$	年平均	15	35	
		24 小时平均	35	75	

表 8-9　地表水环境质量标准（GB 3838—2002）基本项目标准限值　　单位：mg/L

序号	项目	I 类	II 类	III 类	IV 类	V 类
1	水温/℃	人为造成的环境水温变化应限值在：周平均最大温升≤1 周平均最大温降≤2				
2	pH 值	6～9				
3	溶解氧≥	饱和率 90%（或 7.5）	6	5	3	2
4	高锰酸盐指数≤	2	4	6	10	15

序号	项目	I 类	II 类	III 类	IV 类	V 类
5	化学需氧量≤	15	15	20	30	40
6	五日生化需氧量≤	3	3	4	6	10
7	氨氮≤	0.15	0.5	1.0	1.5	2.0
8	总磷（以 P 计）≤	0.02（湖、库 0.01）	0.1（湖、库 0.025）	0.2（湖、库 0.05）	0.3（湖、库 0.1）	0.4（湖、库 0.2）
9	总氮（湖、库，以 N 计）≤	0.2	0.5	1.0	1.5	2.0
10	铜≤	0.01	1.0	1.0	1.0	1.0
11	锌≤	0.05	1.0	1.0	2.0	2.0
12	氟化物（以 F⁻计）≤	1.0	1.0	1.0	1.5	1.5
13	硒≤	0.01	0.01	0.01	0.02	0.02
14	砷≤	0.05	0.05	0.05	0.1	0.1
15	汞≤	0.000 05	0.000 05	0.000 1	0.001	0.001
16	镉≤	0.001	0.005	0.005	0.005	0.01
17	铬（六价）≤	0.01	0.5	0.05	0.05	0.1
18	铅≤	0.01	0.01	0.05	0.05	0.1
19	氰化物≤	0.005	0.05	0.2	0.2	0.2
20	挥发酚≤	0.002	0.002	0.005	0.01	0.1
21	石油类≤	0.05	0.05	0.05	0.5	1.0
22	阴离子表面活性剂≤	0.2	0.2	0.2	0.3	0.3
23	硫化物≤2	0.05	0.1	0.2	0.5	1.0
24	粪大肠菌群/（个/L）≤	200	2 000	10 000	20 000	40 000

表 8-10 地下水质量分类指标（GB/T 14848—9）

序号	项目	I 类	II 类	III 类	IV 类	V 类
1	色（度）	≤5	≤5	≤15	≤25	>25
2	嗅和味	无	无	无	无	无
3	浑浊度（度）	≤3	≤3	≤3	≤10	>10
4	肉眼可见物	无	无	无	无	有
5	pH	6.5～8.5			5.5～6.5，8.5～9	<5.5，>9
6	总硬度（以 CaCO₃ 计）/（mg/L）	≤150	≤300	≤450	≤550	>550
7	溶解性总固体/（mg/L）	≤300	≤500	≤1 000	≤200	>2 000
8	硫酸盐/（mg/L）	≤50	≤150	≤250	≤350	>350

序号	项目	Ⅰ类	Ⅱ类	Ⅲ类	Ⅳ类	Ⅴ类
9	氯化物/（mg/L）	≤50	≤150	≤250	≤350	>350
10	铁/（mg/L）	≤0.1	≤0.2	≤0.3	≤1.5	>1.5
11	锰/（mg/L）	≤0.05	≤0.05	≤0.1	≤1.0	>1.0
12	铜/（mg/L）	≤0.01	≤0.05	≤1.0	≤1.5	>1.5
13	锌/（mg/L）	≤0.05	≤0.5	≤1.0	≤5.0	>5.0
14	钼/（mg/L）	≤0.001	≤0.01	≤0.1	≤0.5	>0.5
15	钴/（mg/L）	≤0.005	≤0.05	≤0.05	≤1.0	>1.0
16	挥发性酚类（以苯酚计）/（mg/L）	≤0.001	≤0.001	≤0.002	≤0.01	>0.01
17	阴离子合成洗涤剂/（mg/L）	不得检出	≤0.1	≤0.3	≤0.3	>0.3
18	高锰酸盐指数/（mg/L）	≤1.0	≤2.0	≤3.0	≤10	>10
19	硝酸盐（以N计）/（mg/L）	≤2.0	≤5.0	≤20	≤30	>30
20	亚硝酸盐（以N计）/（mg/L）	≤0.001	≤0.01	≤0.02	≤0.1	>0.1
21	氨氮/（mg/L）	≤0.02	≤0.02	≤0.2	≤0.5	>0.5
22	氟化物/（mg/L）	≤1.0	≤1.0	≤1.0	≤2.0	>2.0
23	碘化物/（mg/L）	≤0.1	≤0.1	≤0.2	≤1.0	>1.0
24	氰化物/（mg/L）	≤0.001	≤0.01	≤0.05	≤0.1	>0.1
25	汞/（mg/L）	≤0.00005	≤0.0005	≤0.001	≤0.001	>0.001
26	砷/（mg/L）	≤0.005	≤0.01	≤0.05	≤0.05	>0.05
27	硒/（mg/L）	≤0.01	≤0.01	≤0.01	≤0.1	>0.1
28	镉/（mg/L）	≤0.0001	≤0.001	≤0.01	≤0.01	>0.01
29	铬（六价）/（mg/L）	≤0.005	≤0.01	≤0.05	≤0.1	>0.1
30	铅/（mg/L）	≤0.005	≤0.01	≤0.05	≤0.1	>0.1
31	铍/（mg/L）	≤0.00002	≤0.0001	≤0.0002	≤0.001	>0.001
32	钡/（mg/L）	≤0.01	≤0.1	≤1.0	≤4.0	>4.0
33	镍/（mg/L）	≤0.005	≤0.05	≤0.05	≤0.1	>0.1
34	滴滴涕/（μg/L）	不得检出	≤0.005	≤1.0	≤1.0	>1.0
35	六六六/（μg/L）	≤0.005	≤0.05	≤5.0	≤5.0	>5.0
36	总大肠菌群/（个/L）	≤3.0	≤3.0	≤3.0	≤100	>100
37	细菌总数/（个/L）	≤100	≤100	≤100	≤1 000	>1 000
38	总α放射性/（Bq/L）	≤0.1	≤0.1	≤0.1	>0.1	>0.1
39	总β放射性/（Bq/L）	≤0.1	≤1.0	≤1.0	>1.0	>1.0

表 8-11　环境噪声限值（GB 3096—2008）　　　　单位：dB（A）

声环境功能区类别		时段	
		昼间	夜间
0 类		50	40
1 类		55	45
2 类		60	50
3 类		65	55
4 类	4a 类	70	55
	4b 类	70	60

第9章　环境保护总体规划实施策略

环境保护总体规划能够发挥作用，需要通过规划的实施来实现。一个规划能够有效地实施，需要有各方面条件的保障。这些保障措施包括相关的政策法律法规、组织机构和管理制度、资金和技术保障等。

9.1　政策法律法规体系建设

9.1.1　政策法律法规体系

（1）完善相关法律法规

环境保护总体规划是环境保护和建设的指导性文件，它通过对环境系统的认识来进行人与环境复合生态系统的规划，从而保护城乡环境系统，促进城乡经济建设。健全的环境保护法律法规体系，既是环境保护总体规划编制的依据和前提，也是规划得以实施的法律基础。因此应加快完善相关法律法规，确保环境保护总体规划顺利实行。

《宪法》　是我国一切法律法规立法的根本和依据。其多项条款明确规定要保护和改善环境，保护自然资源，合理利用土地。这些规定是环境保护立法的依据，也是环境保护总体规划实施的法律支撑。因此完善相关法律法规，增加环境保护总体规划编制，实施和管理的法律法规内容符合《宪法》。

《中华人民共和国环境保护法》　规定了国家的环境政策、环境保护的方针、原则和措施，是我国所有环境保护法律和规章的基础，它指出国家制定的环境保护规划必须纳入国民经济和社会发展计划，国家采取有利于环境保护的经济、技术政策和措施，使环境保护工作同经济建设和社会发展相协调。但《环境保护法》未对环境保护总体规划加以明确，应尽快修订该法。

环境保护专门法　是为防治污染和其他公害，以及开发、利用和保护生态环境及自然资源而制定的。它在环境规划中起到具体的指导作用，为环境规划提供了技术保证。《中华人民共和国大气污染防治法》、《中华人民共和国环境噪声污染防治法》等都属于环境保护专门法。为保证环境保护总体规划中各专项专题规划的编制，应增加和修订相关专门法。

国家相关法律、法规　在民法、刑法、经济法、劳动法、行政法等法律中含有大量有关保护环境的法律规范，它们是环境保护法体系的组成部分，为环境保护总体规划的实施提供了法律支持。因此应在法律法规修订中注意总体规划法律法规的一致性。

地方性法律法规　省、自治区、直辖市制定的地方性环境保护法律法规条例和办法等是环境保护总体规划实施的最直接的依据和保障。应注意地方性法规条例办法制定与国家法律法规的衔接，成为国家法的补充和细化。

虽然环境保护有比较多的法律法规作保障，但系统性还有待进一步完善。特别涉及环境保护总体规划的内容缺失，有必要修改《环境保护法》，建议增加如下内容：

国务院环境保护主管部门应组织编制全国环境功能区划和重大流域环境治理规划等战略规划；在国家环境保护战略规划的指导下，各级人民政府应当依据国民经济和社会发展规划、地区生态及环境容量，组织编制环境保护总体规划。环境保护总体规划应与城乡总体规划、土地利用总体规划先于或同时制定和修编，相互协调，实现有效衔接。环境保护总体规划要指导和约束环境保护专项专题规划、各项环境评价和环境区划的编制。环境保护总体规划期限一般应为 20 年。

下级环境保护总体规划应当依上一级环境保护总体规划和功能区划编制。

地方各级人民政府编制环境保护总体规划，必须符合地区环境容量指标，地区环境容量必须经专家论证后报国务院环境保护主管部门批准。

环境保护总体规划编制办法由国务院环境保护主管部门制定。

直辖市的环境保护总体规划由同级人大常委会审议通过，经国务院环境保护主管部门审查，报国务院批准。

省、自治区人民政府所在地城市、人口在 100 万以上的城市以及国务院指定的城市，其环境保护总体规划由所在市人大常委会审议通过，省、自治区人民政府审核，经国务院环境保护行政主管部门审查同意，报国务院审批。

上述规定以外的城市环境保护总体规划，经所在地人大常委会审议通过，报上一级人民政府审批。

环境保护总体规划一经批准，必须严格执行。

城乡规划、土地利用规划等的制定和实施，应与环境保护规划相衔接，并确定保护和改善生态环境的目标与任务。

经批准的环境保护总体规划的修改，须经原批准机关批准。未经批准不得改变环境保护总体规划确定的生态红线。

（2）出台《环境保护总体规划编制办法》

《环境保护总体规划编制办法》中要明确规划范围、期限、目标指标、任务措施、政策机制等具体内容和技术要求，还要明确规划文本、文本说明和图集的技术要求。

（3）制定《环境保护总体规划实施管理办法（试行）》

制定《环境保护总体规划实施管理办法（试行）》，细化规划编制、报批、实施、评估、修订的具体程序和要求，以及评估机制、监管机制等。

建议《环境保护总体规划实施管理办法（试行）》的具体内容包括：

总则　包括规划的目的和定位、编制单位、编制原则、经费来源等。

规划编制　包括规划层级、工作程序、指导思想、前期工作、规划大纲、规划重点、协调机制、专家论证等。

规划内容　包括章节安排、主要内容、图件要求、编制依据、规划周期等。

审查报批　包括审查和报批程序、责任部门、组织原则、材料准备、范围和期限、审查依据、审查重点等。

规划实施　包括职能定位、操作程序、信息反馈、行政问责等。

规划评估　包括执行部门、方法选择、评估周期、评估依据、评估重点、修改程序等。

附则　包括规划的作用、生效时间等。

（4）完善相关环境制度和标准

完善环境影响评价制度，改革建设项目环评、评估和验收机制和体制，明确环境管理的行政强制权，建立重大项目的环境监理制度。严格建设项目环境准入，强化新建项目的监督，防止违规建设。

完善排污申报制度，对污染源排污情况实行动态管理，制订排污许可指标分配体系，所有污染企业均持证排污，建立、健全环境保护准入机制，建立基于环境审计和排放绩效的企业环境报告制度。

完善污染物总量控制制度，将总量控制指标逐级分解到地方各级人民政府并落实到排污单位。推行排污许可证制度，禁止无证或超总量排污。严格执行环境影响评价和"三同时"制度，对超过污染物总量控制指标、生态破坏严重或者尚未完成生态恢复任务的地区，暂停审批新增污染物排放总量和对生态有较大影响的建设项目。强化限期治理制度，对不能稳定达标或超总量的排污单位实行限期治理，治理期间应予限产、限排，并不得建设增加污染物排放总量的项目；逾期未完成治理任务的，责令其停产整治。完善环境监察制度，强化现场执法检查。

统筹开展环境质量标准、污染物排放（控制）标准、环境监测规范、环境基础标准和标准制定修订规范、管理规范类等五大类环保标准的制定修订工作，鼓励地方实施更符合地方环境保护需求的地方污染物排放标准。

加快建立生态补偿机制，加快制定实施生态补偿条例。明确生态补偿制度是我国环境管理的重要制度之一，并确定生态补偿制度中补偿者、被补偿者的法律责任、义务和权利，确定违反有关法律规定所应受到的法律惩处。按照"谁开发谁保护、谁受益谁补偿"的原则，加大对生态脆弱地区和生态区位重要地区的均衡性转移支付力度，研究设立国家生态补偿专项资金。推行资源型企业可持续发展准备金制度。以跨界流域为重点，基于跨界断面水质目标考核，建立流域生态补偿机制。

9.1.2　信息公开与公众参与机制

强化城市环境信息公开基础保障。加强市县环境监测站、信息和宣教机构建设，完善建设水质监测站点和空气背景站，配置仪器设备，提高标准化建设水平。为环境监测网络、监控网、环境信息系统网络等的运行提供保障，保障监测、监察、预警与应急、信息、污染源在线监控等运行经费。实行政府主导，社会化在线运营管理机制。建设环境信息资源中心、预警监测网络等，提高环境信息服务能力，全面提升环保工作信息化水平。

完善新闻发布和重大环境信息披露制度，及时收集、分析环境舆情动态并积极应对。推进城镇环境质量、重点污染源、重点城市饮用水水质、企业环境信息公开，推进企业环境监督员制度实施，建立涉及有毒有害物质排放企业环境信息强制披露制度，保障人民群众的知情权。

完善公众参与环境保护机制。建立健全公众参与的机制与程序，逐渐形成以群众举报制度、信访制度、听证制度、环境影响评价制度为基础的公众参与制度，使广大人民群众能够通过法定的渠道来表达自己对环境管理的意见与建议，使人民群众的呼声能够真正渗透到环境保护中。通过参与对污染环境行为和破坏生态环境行为的监督，支持环境执法，促进污染防治与环境保护。参与对环境执法部门的监督，使其严格执法，保证环境保护法律、法规、政策的贯彻落实，杜绝以权代法、以言代法和以权谋私。参与环境保护文化建设，普及生态学知识，努力提高全社会的生态环境道德水平，形成有利于生态环境保护的良好社会风气。积极支持引导、发挥非政府组织的积极作用，对各类环保组织进行专业培训；多层次地搭建政府与公众座谈与对话的平台，联合民间环保组织和各界人士共同合作社会公益行动，就重要的公共政策进行专门的解释与沟通等。支持环境公益诉讼，逐步扩大环境诉讼的主体范围，纳入规范有序的管理。

完善环境宣传教育体系，落实全民环境教育计划，加强面向不同社会群体的环境宣传教育和培训，进一步增强公民的环境意识和环境责任感。畅通环境信访、12369 环境热线、网络邮箱等信访投诉渠道，鼓励实行有奖举报。

9.2　环境行政管理制度

9.2.1　评估机制

通过立法形式确定对各级环境保护总体规划进行评估，建立年度评估制度、跟踪评估制度、回顾评估制度。

建立有效的环保规划评估信息交流与共享机制。健全的信息交流和共享机制有利于政府及时掌握规划实施的进展，及时采取措施避免失误；有利于激励企业减排的动力，促进企业持续减少污染排放；有利于公众充分了解污染治理和环境损失的情况，更好地发挥监管作用；有利于减少评估机构在评估中的信息搜集成本，给出更准确的评估结果和政策建议。目前，环保规划评估实施，常常难以获得统一的信息，而且信息的公开程度较差，应加大该方面的研究和建设，构建环保规划评估执行的信息交流和共享机制，重点要明确信息获取渠道、信息处理、信息公布方式、信息数据质量等方面的内容和要求。

建立生态文明建设指标体系，并在干部考核任用体系中增加生态文明（环境保护）的内容和指标。建立党政领导干部环保绩效考核制度，将环保绩效作为干部的一项重要政绩，并使之成为评价和任用干部的重要指标。

9.2.2　目标责任制

在规划实施的行政管理体系中，各级政府是规划实施的主要领导者、组织者和责任承担者，应严格落实各级人民政府的环境保护目标责任制和总量减排制度。把环境保护规划目标、任务与责任制紧密结合起来，实行各级领导的环境保护目标责任制的管理制度。

各级政府要对本辖区的环境质量负责，将环境保护列入主要的议事日程并纳入重大事项督察范围，继续推进城市环境综合整治定量考核，强化城市尺度环境保护实施和考核。继续推进主要污染物总量减排考核、重点流域水污染防治规划实施考核，稳妥开展环境质量监督考核。层层建立环境保护目标责任制，实行党政一把手亲自抓、负总责。

9.2.3　行政问责制度

环境保护总体规划评估结果可以作为政绩考核的重要依据，根据评估结果实施环境保护规划行政问责和惩罚制度，在各级政府目标责任制中明确奖惩方式方法，明确责任承担者，以督促规划实施，使环境保护总体规划的评估结论在后续环境保护规划执行过程中得到有效落实。

将环境保护规划完成情况与领导干部业绩考核和各地经济工作考核相结合，做到责任到位、措施到位、投入到位，实行"一票否决制"。将污染物总量减排目标、环境质量目标、重点流域水污染防治、集中式饮用水水源地保护、重金属等环境污染事件防范等纳入目标责任制考核范围，落实问责和责任追究制。每半年定期公布一次主要污染物排放情况、重点工程进展情况、重点流域和地级以上城市环境质量考核结果。

分年度对各市进行考核，强化地方政府环境绩效，明确评估规划实施成效，建立和完善严重危害群众健康的重大环境事件和污染事故的问责制和责任追究制。对各级政府主管领导及有关部门负责人由于行政立法失误、决策失误、行政干预、包庇环境违法行为、执法不当等造成环境保护总体规划实施落空从而导致或间接造成环境污染或破坏，致使辖区或相邻地区环境质量下降的，应追究其相应的行政责任；造成重大环境影响或事故的或造成重要环境影响或构成犯罪的，应依法追究其刑事责任。

9.2.4　责任部门

明确环境保护总体规划各实施部门的职能定位，强化规划的作用，增加其可操作性，使其制定、审批、实施和监督部门职责明晰。

将环境保护总体规划目标和任务分解到各级政府后，各级政府应把环境保护规划目标与任务纳入本地区经济和社会发展规划，落实到承担单位，明确规划目标完成的责任主体和考核指标，在强化污染减排考核的同时，积极推进环境质量考核，按期高质量完成规划任务。

9.2.5 定量考核制度

环境保护总体规划的编制以改善城乡环境质量为主,注意与城乡总体规划相协调。规划目标应本着从实际出发、量力而行、远近结合、分步实施的原则,纳入政府年度工作计划,层层分解落实,实现环境保护总体规划的可操作性。采取灵活的城市管理政策,使城乡环境保护工作与经济发展相协调,环境保护主管部门应在技术政策、投资政策、环境管理等方面当好政府参谋,配合各级政府做好环境综合整治考核工作。

9.3 实施规划的保障体系

9.3.1 组织保障体系

(1)建立完善的规划实施组织机构

环境保护总体规划的实施要依靠对规划过程的全面监督、检查、考核、协调以及调整来进行,这些都离不开有效的组织和管理。建立完善的规划实施组织机构、管理体系来组织和管理,是规划实施的基本保障。环境保护总体规划的实施组织涉及各个不同的部门,包括计划、工业管理、城市建设、财政和环境保护部门等,具有很强的综合性。应建立专门的实施环境保护总体规划的组织机构,负责规划的分解、执行、建成、考核、协调和调整。

全面提升和加强环境保护部门的地位和能力,扩大环境管理机构设置规模,规范工业园区环境管理机构。加强乡镇环保部门的环境管理职能,将部分环境管理职能下放到乡镇,建成"国家—省—市—区县—乡镇"的分层级管理体制,有序推动垂直管理体制。

(2)明确部门职责分工

理顺环境管理体制,强化环保工作的统一立法、统一规划、统一监管。完善部门协调机制,加强部际联席会议作用,协调解决地区、流域间重大环境问题,审议重大环境政策等重要事项。

明确部门职责分工,完善部门联动配合机制,增强环境监管的协调性、整体性,在区域、流域规划和开发建设中实行环境与发展综合决策。

各级政府环境保护行政主管部门 对本辖区内环境保护工作实施统一监督管理。具体承担建设项目环境影响评价报告审批;建立环境监测制度,制定环境监测规范,加强对环境监测管理;拟订环境保护规划;对管辖范围内的排污单位进行现场检查；监督建设项目的"三同时"制度的落实及防治污染设施的正常运行和使用；监督排污单位开展排污申报登记，依照国家规定缴纳排污费；根据法律、法规规定行使环境监督管理，对违法企业的违法行为给予警告或处以罚款。

水利管理部门　制定流域污染防治规划；对依法划定的生活饮用水水源保护区区域影响水环境质量的经营活动进行清理；搞好水土流失的流域综合治理工程建设。

农业管理部门　加强对农业环境的保护，采取措施指导农业生产者科学、合理施用化肥农药和植物生长激素；推广植物病虫害的综合防治，控制化肥农药和植物生长激素过量使用造成水土污染；指导农业生产者大力发展有机食品、绿色食品、无公害农副产品基地建设。

建设行政管理部门　搞好生态环境建设规划，保护植被、水域和自然景观，加强城市园林、绿地和风景名胜区建设；加强城市生活垃圾清扫、收集、贮存、运输和处置的监督管理，防止造成环境污染，积极开展合理利用和无害化处置；对国家明确规定禁止建设的严重污染环境的生产项目不得办理建设用地规划许可证；加强城市排水管网、城市生活垃圾处理场、城市污水集中处理设施建设；加强城市环境综合整治。

发展和改革委员会　将环境保护总体规划纳入国民经济和社会发展计划；采取有利于环境保护的经济、技术、政策和措施，使环境保护工作同经济建设和社会发展相协调；对国家明确规定禁止建设的严重污染环境的生产项目不得批准立项。

科学技术管理部门　加强环境保护和清洁生产的科学技术的研究和开发，提高环境保护和清洁生产的科学技术水平，组织宣传、普及环境保护和清洁生产的科学知识，推广环保产业和清洁生产技术。

国土资源管理部门　对国家明确规定禁止建设的严重污染环境的生产项目不得批准建设用地；加强矿山采选矿管理，督促矿山植被恢复。

林业管理部门　做好自然保护区、国家生态公益林、天然林、封山育林、退耕还林的保护工作；加强林政管理，打击破坏林业生态环境资源的不法行为。

经济管理部门　合理规划工业布局，对造成水污染、大气污染的企业进行整顿和技术改造，采取综合防治措施，推广采用清洁生产工艺，发展循环经济，合理利用资源，减少污染物排放量；对严重污染环境的落后生产工艺、落后生产设备实行限期淘汰；对辖区内生产、销售、使用禁止生产、禁止销售、禁止使用的落后生产工艺、设备企业进行清理，对违法企业责令限期改正，对情节严重的，报同级政府关闭取缔。

卫生行政管理部门　加强对饮用水水质的监测；加强对医疗废物、医疗废水的收集、运送、贮存、无害化处置的安全监督；加强对含放射源的射线装置的放射防护工作监督管理。

交通管理部门　加强对机动车船的监管，规范机动车船的年度检测，将机动车船排气污染列入年度检测；对超过污染物排放标准的机动车船不得上路行驶；对违法使用超过污染物排放标准的机动车船没收销毁。

公安部门　划定禁止机动车辆行驶和禁止其使用声响装置的路段和时间；对违法不按照规定使用声响装置的机动车辆给予警告或处以罚款；对在城市市区噪声敏感区域内使用高音广播喇叭，造成噪声污染的行为，给予警告或处以罚款；对由人民政府作出关闭取缔决定而拒不执行的企业和个人依法强制执行。

质量监督部门　对违反国家规定不符合污染排放标准的淘汰设备和产品，禁止生产、销售和使用。

工商行政管理部门　对依照法律、法规规定，涉及环境保护的经营活动，必须凭环境保护许可审批文件办理注册登记手续，核发营业执照；对国家明确规定禁止建设的严重污染环境的生产项目，不得办理营业执照；对于已经取得营业执照，但未依法取得环境保护许可批准文件，擅自从事造成环境污染的经营活动，法律、法规规定应当撤销注册登记或者吊销营业执照的撤销注册登记或者吊销营业执照；对当地人民政府依法作出关闭取缔决定的环境违法企业撤销注册登记或吊销营业执照，对擅自继续从事环境违法经营活动的无照经营行为依法进行查处取缔。

9.3.2　行政保障体系

健全和完善的组织机构为规划的贯彻实施提供了必要的前提，但好的组织机构必须要有健全的管理体系与之相适应，才能够实现规划的有效管理和高效运作。

（1）建立规划实施管理制度

建立环境违法案件处理移送制度　对违法排污的环境违法案向环境保护管理部门移送；对生产、销售、使用禁止生产、禁止销售、禁止使用生产工艺、设备、产品的环境违法案件向经济管理部门移送；对因证照审批把关不严造成的环境违法案件向违反证照审批程序的核发证照机关移送；对由各级人民政府按照国务院规定的权限作出关闭取缔决定的环境违法案件向工商行政管理部门移送，由工商行政管理部门吊销营业执照并按照《无照经营查处取缔办法》规定查处取缔。

建立环境保护科学评价体系　制订环境保护工作绩效考核管理办法，将环境保护科学决策、环境保护发展规划、环境保护监督管理、环境质量、环境建设投入、绿色创建、有机食品、绿色食品、无公害农副产品基地建设、自然保护、重要生态功能区保护、森林覆盖率、城市绿化率、环境保护管理机构设置、环境保护人员的编制、环境保护的执法人员工资行政执法经费列入财政保障、环境保护执法能力建设、环境监测能力建设等内容列入环境绩效考核，以科学的发展观、正确的政绩观全面、客观、公正评价各级政府和干部工作成绩。

建立对工业污染企业的环境保护诚信等级评价体系　对工业污染企业从遵守国家环境管理法律制度、污染物稳定达标排放率、开展清洁生产发展循环经济具体措施、排污费缴纳和使用、污染治理设施正常运行率、开展"环境友好企业"创建和效果、环境违法行为的整改等指标建立等级评价体系，实行静态和动态管理相结合，将企业评为（A 级）守信企业、（B 级）基本守信企业、（C 级）警示企业、（D 级）失信企业 4 个等级，将环境诚信等级管理与信贷、税收、排污费资金补助申报使用、环境友好企业创评、排污许可证核发、不法排污企业环境专项整治挂牌督办等挂钩，建立相应的企业环境诚信等级管理信息系统，接受媒体和公众监督。

建立污染物排放总量控制制度　综合运用排污许可、排污收费、强制淘汰、限期治理和环境影响评价等各项环境管理制度和手段，实现总量减排目标。对超过主要污染物总量控制指标的企业和地区，暂停审批新增污染物排放总量建设项目。

建立部门联合环境执法和重点案件移送督办制度　积极开展环保后督察工作。加强与司法部门的配合，通过司法手段保障环境执法的权威性和有效性，综合法律、行政和经济手段有效解决个别企业违法污染环境问题。

（2）开展环境行政教育

开展环境普法教育和环境警示教育，增强公众环境法制观念和维权意识。各级党校、行政学院要设立环境教育内容，把各级领导干部和企业经营管理人员作为环境宣传教育的重点，提高各级领导干部的环境意识和环境与发展综合决策能力。环境宣传教育要向农村扩展，逐步提高农民的环境意识。

加强环保人才的培训教育，提高环保队伍素质。积极推进中小学校环保教育进课堂。优化教育资源配置，合理规划高校环保专业设置，培养高素质的环境保护专业人才。

加大新闻媒体环境宣传和舆论监督力度，建立舆论监督和公众监督机制。规范环境信息发布制度，依法保障公众的环境知情权。加强环境信访工作，维护公民环境权益。鼓励公众自觉参与环保行动和环保监督，开展社区环保活动，倡导绿色文明，推行绿色消费。

（3）建立环境与发展综合决策机制

进一步建立环境与发展综合决策机制，处理好经济建设与人口、资源、环境之间的关系，完善和强化环境保护规划和实施体系，探索开展对重大经济和技术政策、发展规划以及重大经济和流域开发计划的环境影响评价，使综合决策做到规范化、制度化。

9.3.3 资金保障体系

（1）建立专项资金

为了推动城市环境保护总体规划能够顺利、有效的实施，各级政府应建立本级政府财政专项资金，确保环保投资总额占 GDP 的 2%以上。

工业污染源清洁生产循环经济项目补贴 工业企业通过清洁生产、循环经济项目，在节水、节能、节约资源的同时，有效削减排污总量，对转变经济增长方式，提高企业社会责任都有作用。建议对此类建设项目由当地政府按照循环经济和清洁生产的水平给予补贴，使工业污染治理的积极性全面提高。

控制农业面源项目补贴 借鉴国外成功经验，利用"WTO 绿箱政策"，对农业面源污染防治给予必要财政补贴，引导农民采用清洁种植和清洁养殖生产技术，增施有机肥，结合农业面源污染治理工程建设，采取财政补贴方式，对采用清洁生产技术的农民给予一定补贴。以村为单位，定期进行检测与评估，根据评估结果核定补贴标准。同时，发挥农民主体作用，完善监督机制，保障平稳运行。

城市污水处理厂升级改造补贴 各级政府在审批新增污水处理能力项目时以管网是否能够配套为前提，要在可行性研究报告中提出切实可行的建设方案（包括拆迁和移民安置等）和资金配套方案，否则不予批复。城市污水处理厂补贴，可以从升级改造、污泥处理处置项目开始。

农业节水项目补贴 农业节水工程是节水的主战场，对粮食主产区，现代农业区的灌溉示范项目给予补贴。对开辟新水源的非常规水源利用工程，包括海水直接利用和海水淡化示范工程项目、城市污水集中处理回用示范工程项目、矿井水利用示范工程项目也给予补贴。

设立节能降耗减排奖励基金 节能降耗减排是推进结构高速和增长方式转变的有力抓手，要加快发展现代服务业、现代制造业、高新技术业、坚决调整不符合区域发展定位的产业。对节能降耗减排的项目进行奖励，引导企业开展清洁生产，实现节能、降耗、减污、增效，从源头削减污染，提高资源利用效率，进一步保护和改善环境，促进经济与社会可持续发展。

（2）建立合理资金筹措方式

按照"谁投资谁受益，谁污染谁治理"的原则，建立相应的环境政策体系，鼓励和促进循环经济、环保产业的发展，有效引导社会资金参与城市集中供热、污水处理、垃圾处理等设施建设和运营。通过社会捐助资金的筹措，用于生态恢复、自然资源保护等方面。政府在财政预算中每年有一定数额的拨款，专款专用，作为环境保护基金，用于地区规划中最有改善环境现状效果的项目。通过收取生态环境补偿费用，用于生态环境恢复。

（3）全程监督资金用途

为了确保各项专项资金能够落到实处，采取全过程监控的方式，由审计部门负责全程监督，明确资金用途，从而加大对专项资金的监督力度，保证专款专用，提高资金使用效率。

9.3.4　技术保障体系

（1）大力引进与推广先进、适用的科技成果

大力发展清洁生产，推进生态工业园区建设与循环经济建设；促进环境保护、资源综合利用与废弃物资源化等生态产业发展。

举办生态市发展科技成果博览会、科技招商会，建立生态市建设科技项目交流市场，有效利用国内外先进技术成果。

对科技含量较高的生态产业项目和有利于推进生态市发展的适用技术，予以享受高新技术产业和先进技术的有关优惠政策。

（2）建立环境信息网络

加强环境资料数据的收集和分析，及时跟踪环境变化趋势，提出对策措施。

通过信息网络向公众发布区域环境状况，环境信息公开透明化。

（3）加强专业人才队伍建设

从健全激励机制入手，吸引市外环境保护和生态产业领域的专业人才到当地工作。

积极与国内高等院校和科研院所建立合作关系。

建立环境领域的专家库，组建城市环境规划建设的专家咨询队伍。

加强本地技术骨干队伍的培养，逐步建立一支懂技术、懂管理的人才队伍。

（4）建设环境保护决策科技支撑平台

扶持具有我国自主知识产权的 SCR 技术，加大对国产催化剂生产技术研发的支持，研发适合我国国情的低成本的氮氧化物控制技术。

积极开展燃煤和有色冶炼大气汞防治技术研发，加强工业挥发性有机污染物治理技术研发，开展重点领域污染防治技术评估，加强先进技术示范与推广。

大力发展以脱硫、脱硝等减排设备和环境监测设备为主的装备制造业，鼓励环境设施的社会化建设运营，以环境影响评价、环境技术研发与咨询、环境工程服务、环境风险管理为重点，推行环境监测社会化试点，大力发展环保服务业。

加大环境监测与执法人才队伍建设，加强重点业务领域和基层、农村、中西部等地区环保人才队伍建设。

第10章 环境保护总体规划实践

目前国内已有很多城市相继开展了环境保护总体规划的编制与实施工作，广州、澳门、大连等城市的实践已经为环境保护总体规划的编制与实施进行了有益的探索，其主要成果和经验为后续各地编制环境保护总体规划提供了借鉴。

10.1 广州市环境保护总体规划

10.1.1 《广州市环境保护总体规划》的内容

《广州市环境保护总体规划》期限为15 年（1996—2010 年），近期为2000 年，规划范围包括市辖8 个区、4 个县级市，面积7 434.4 km²。规划摆脱了原有环境保护规划的模式，从实现可持续发展的高度出发，分析广州市在经济建设、城市建设进程中出现的各种环境问题，从合理配置资源、切实转变经济增长方式、合理调整城市空间结构和布局、切实治理老污染控制新污染蔓延着眼进行规划。

《广州市环境保护总体规划》提出的环境目标是：到2000 年，广州市环境污染和生态恶化加剧的趋势基本得到控制，主要工业污染源得到治理，第三产业和生活污染持续快速增长的势头得到初步遏制，城市空间布局上各主要功能区环境功能日臻清晰，生态环境有所改善，环境保护与经济建设取得初步协调。到2010 年，环境污染和生态破坏得到有效控制，居民住宅区、水源保护区的环境质量和城市生态景观有明显的改善，基本形成各环境功能区分区明确的城市空间布局，环境保护与经济、社会取得协调发展，初步奠定现代化国际城市格局。《广州市环境保护总体规划》体现以提高人的生活质量为中心，从环境建设、污染控制、环境质量3 个方面，提出了37 项环境保护指标。

《广州市环境保护总体规划》的主要内容包括以下5 个部分：①经济社会发展与环境现状，其内容有城市的发展战略；经济社会发展主要规划指标；经济社会发展资源的需求；环境污染负荷持续增长；环境污染现状与发展趋势。②环境保护目标及功能区区划，包括广州市环境保护总体目标；环境质量控制指标；环境功能区区划。③城市环境空间布局与主要环境问题，包括城市空间布局的现状和主要问题；水环境问题；大气环境问题；噪声环境问题；主要固体废弃物环境问题；主要生态环境问题等。④环境保护与污染控制规划，有水环境保护与污染控制规划；大气环境保护及大气污染控制；声环境污染控制；固体废弃物污染控制；生态环境保护。⑤规划实施与保证，包括调整城市环境空间布局的意见；环境保护工程；依法加强环境保护管理机构建设；环境保护法规建设；需要省统筹协调解决的主要环境问题。

10.1.2 《广州市环境保护总体规划》的经验

1996 年广州市在国内首次提出环境保护总体规划实为难得。如今，环境保护总体规划已执行完成规划周期的 15 个年头，用现在的观点看，有些内容已不适应当前社会、经济、环境的发展。主要问题体现在：①还属于治理性、保护性、约束性规划，而非建设（环境）性、优化（经济）性、引导（发展）性规划。②体系内容尚不完整，并未涉及核与辐射污染控制、农村环境保护、工业产业布局调整、生态安全格局等相关内容。③并未考虑环境规划体系的完善、建设问题。尤其是没有阐明环境保护总体规划与环境影响评价以及其他类型规划的逻辑关系。

《广州市环境保护总体规划》有很多值得学习的地方，尤其在规划的实施保障、法律地位，以及与相关规划的协调等方面都开创了先河。可以说，这些都是值得后继其他城市环境保护总体规划借鉴之处，主要体现在《广州市环境保护条例》中：

第四条 市、区、县级市人民政府应组织制定和完善环境保护总体规划。编制经济和社会发展规划、城市总体规划、国土规划、乡镇建设规划应当符合环境保护规划的要求。市、区、县级市人民政府及其有关部门在制定城市发展和行业发展规划、区域开发规划，调整产业结构和生产力布局时，应当进行环境影响论证。

第十条 下列行政管理部门，按照以下分工履行环境保护职责：（一）计划部门应将环境保护规划、计划纳入本级国民经济与社会发展规划和年度计划。

第十九条 建设项目必须符合下列要求：（一）选址、定点，符合环境保护规划，并不得擅自改变建筑物、构筑物使用功能。

广州的规划经验对今后制定环境保护总体规划有着积极的借鉴作用。

10.2 澳门特别行政区环境保护总体规划

10.2.1 《澳门环境保护总体规划》体系

澳门为有效改善各种环境问题，立意以科学、系统及全面的技术和方法，以 3 个层次开展澳门首次的环境保护规划，务求能够编制出既贴近民生又务实可行的规划（图 10-1）。

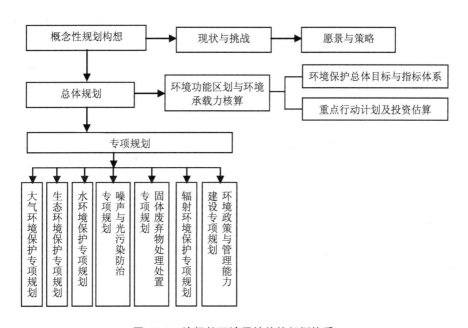

图 10-1 澳门的环境保护总体规划体系

《澳门环境保护总体规划（2010—2020）》体系结构可概括为：

概念性规划构想 为战略性、框架性的规划，包括规划理念、规划目标和规划策略，指导总体规划和专项规划工作的开展。

总体规划 为综合性、全局性的规划，从整体提出环境保护的总体目标和管理措施。

专项规划 对各环境元素（如大气、水、生态、噪声、固体废弃物等）进行详细规划，并提出相应管理措施及行动计划。既是对总体规划的细化和落实，同时对总体规划的内容进行修订、补充和完善。

10.2.2   《澳门环境保护总体规划》概要

《澳门环境保护总体规划》在融合《澳门环境保护概念性规划构想（2010—2020)》研究的基础上，进一步深化了"构建低碳澳门、共创绿色生活"愿景的内涵，并在以民为本、广纳建言、科学决策及共建优质低碳生活环境等方面，进一步归纳优化成 3 项规划主线，提出三阶段规划目标和多项规划指标，同时在 15 个领域展示了澳门环境保护重点工作计划的措施方案及时期安排，以系统及务实的态度编制及按序推进澳门未来 10 年的环保工作。

近期（2010—2012 年） 通过实施区域环境综合整治和生态保护；推行能源消费结构调整；提高污水处理厂的排水标准；推广生活垃圾分类收集；加强绿化建设；降低单位 GDP 能耗与水耗；完成环境噪声法修订等的立法工作，以达到环境质量逐步改善，环境管理能力有所提升。

中期（2013—2015 年） 通过持续推动节能、节水；控制汽车尾气污染；构建固体废弃物分类收集回收体系；加大固体废弃物处置设施建设；防止生态破坏；完善环境监测网络体系；加强区域合作等，以达到环境污染得到基本控制，良好的生态环境安全格局初步形成，并建立环境管理规章制度与技术标准，环境管理能力迈向新台阶。

远期（2016—2020 年） 实行环境功能区划管理；持续推行绿色交通；建立中水回用系统；完善固体废弃物全过程管理体系；全面实施减量化、资源化、无害化技术措施；危险废弃物得到安全处置；完善区域环境合作机制等，区域环境质量得到进一步提高，形成和谐、健康、平衡的生态系统，逐步建立较为完善的环境保护法律法规与技术规范体系。

表 10-1   澳门环境保护总体规划概要

项　　目	内容摘要
规划理念	以可持续发展、低碳发展、全民参与及区域合作作为规划理念，从而促进社会各界在规划编制、实施及效果评估的全过程参与，加强区域性规划及澳门相关规划协调，提倡减少整个社会经济体系运行对环境的负荷，达到经济、社会发展与生态环境保护"三赢"
规划预测	作为制订规划方案的基础，此次规划在"不采取任何改善措施的零情景"作为基础下开展对大气污染物、污水排放量、固体废弃物产生量及声环境进行了预测，并基于资源承载力的计算方法模型，估算了澳门的环境人口承载力

项　目	内容摘要
规划 目标	在"以人为本"、整体城市及协调区域的 3 个层面上丰富了"构建低碳澳门、共创绿色生活"规划愿景的内涵；划定了本规划的范围为澳门特别行政区整个区域；设定规划基准年为 2009 年，规划期至 2020 年，近期为 2010—2012 年，中期为 2013—2015 年，远期为 2016—2020 年，并提出了相应的三阶段目标
功能 区划	为优化澳门的空间布局，此次环境保护规划提出了"分区管理"的概念，将全澳分为 3 个环境功能区：环境严格保护区、环境引导开发区及环境优化控制区，提出以不同的管理办法控制各区的开发强度
规划 主线	根据第一阶段概念性规划构想中市民最为关注的议题，将原六大策略整合并升华为"优化宜居宜游环境"、"推进节约循环社会"及"融入绿色优质区域"三大规划主线，并在各主线下分别建议了环境空气质量达成率、城市生活污水集中处理率、区域噪声平均削减量、电子电器废弃物集中回收率；单位 GDP 能耗、垃圾回收率、中水回用率、清洁能源使用率；沿岸水体水质总评估指数、绿化覆盖率、特殊及危险废弃物资源化处理率共 11 项规划指标
规划 行动	结合对污染排放预测及环境承载力评估的分析，按先后缓急建议了共 15 个关注领域的环保工作，包括：空气质量的改善、水环境质量的提高、固体废弃物的处理处置、噪声污染的控制、生态环境的保育、光污染的防治、辐射环境的保护、节约能源的推广、资源垃圾的回收再生、水资源的循环利用、企业污染的减排、低碳生产和消费体系的构建、环境功能区的优化、珠三角地区的环保合作及低碳城市与低碳区域的共建
规划预期 环境效益	归纳了此次澳门环境保护规划在大气环境、水环境、声环境、固体废弃物管理及生态保育方面对减少污染物的作用，及有助于形成环境优美、生活舒适的人居环境
规划执行 及监督机 制	在执行机制方面，提出规划的滚动实施体系及强调政府、企业及公众的共同参与，并建议法规及标准建设完善的计划及政府环境管理制度内容；在监督机制方面，提出监察体系及规划执行成效评估的建议制度

　　总体来看，澳门环境保护总体规划体现了澳门特别行政区政府在规划的执行、参与、合作以及监督机制构建等方面的特点，强调政府、企业、公众应共同承担环保责任，齐心合力减少污染，在生活中践行资源节约及保护环境。

10.3　大连市环境保护总体规划

10.3.1　《大连市环境保护总体规划》的原则与重点

　　为适应环保新形势、新阶段、新起点的要求，破解环保工作中的难题，谋求工作的更大跨越，达到经济发展与环境保护协调发展，大连市通过编制与实施《大连市环境保护总体规划》，力求用长远的、建设性的思路谋划未来 10 多年适合区域特点的环保发展之路。

《大连市环境保护总体规划》借鉴了城市规划的编制理念和方法，针对大连市的主要环境问题和未来目标，确立了建设资源节约型、环境友好型社会和生态宜居城市的总体目标，以全面贯彻落实科学发展观，促进经济增长方式转变和优化城市布局为主线，以建立良好的生态环境为核心，坚持环境保护与经济增长并重、与经济发展同步，全力推进生态文明建设，构建了持续协调发展的生态经济体系、自然宜居的生态环境体系、责权明晰的生态环境执法和保障体系。

《大连市环境保护总体规划》强化协调机制、突出环境规划措施的可操作性，并建立了新的环境规划技术体系和规划同步实施机制。克服了以往环境规划协调性不强、规划措施可操作性差，以及技术体系不健全等问题，以"统筹兼顾、协调发展，自然和谐、改善环境，分类指导、突出重点，改善机制、自主创新"为规划原则，以"总结、深化、集成、创新"为规划思路，全域谋划，突出特色，针对大连市的主要环境问题和未来目标，重点提出了大气环境规划、水环境规划、声环境规划、固体废弃物处置规划、核与辐射污染控制规划、工业布局与结构调整规划、自然生态系统规划、农村环境保护规划、环境风险防范以及环境管理能力建设规划 10 个方面的规划。

10.3.2　《大连市环境保护总体规划》的特点

（1）文图结合使规划的空间可控性增强

《大连市环境保护总体规划》借鉴城市规划的理念和方法，运用最新的 GIS 系统绘制了大量矢量化图件。图集分为《大连市保护区与环境功能区划图集》和《大连市环境保护总体规划图集》两大部分，主要内容涵盖了自然保护区、森林公园、风景名胜区、环境功能区划、环境预测、规划措施等诸多方面，提高了《规划》的空间可控性。此外，图集参照《城市规划制图标准》（CJJ/T 97—2003）以及其他专业制图标准，成功解决了以往环保部门图件的图廓边界不一致、详略程度不一致、基础信息不一致等问题，把《大连市环境保护总体规划》落实到图上，能给决策者直观、形象的空间概念，易于理解，便于操作和实施，为科学管理提供了有力的技术支持。图 10-2～图 10-5 直观反映了二氧化硫总量空间分布和浓度空间分布。

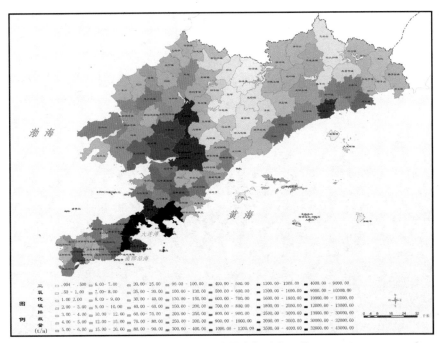

图 10-2 大连市二氧化硫总量空间分布现状（2007）

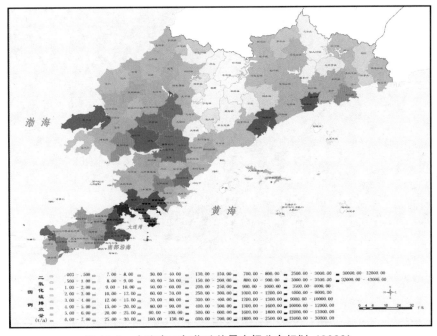

图 10-3 大连市二氧化硫总量空间分布规划（2020）

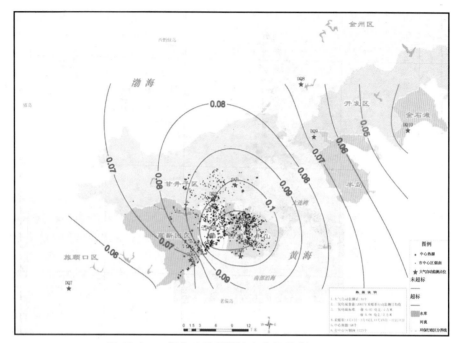

图 10-4　二氧化硫采暖期浓度空间分布（2007）

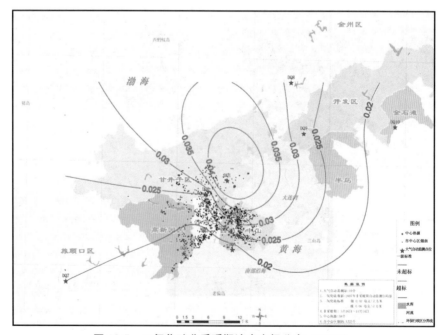

图 10-5　二氧化硫非采暖期浓度空间分布（2007）

　　图 10-6 直观表示了固体废物处置区、填埋场的规划布局，为固体废物的园区管理提供了规划保障。图 10-7 对区域的环境风险区进行了规划，为城市应急能力建设提供了依据。

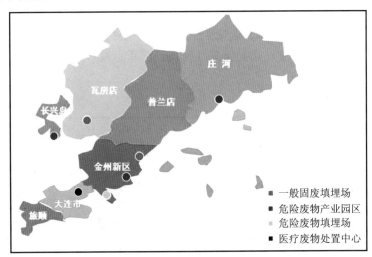

图 10-6　固体废物处置区布局规划（2020）

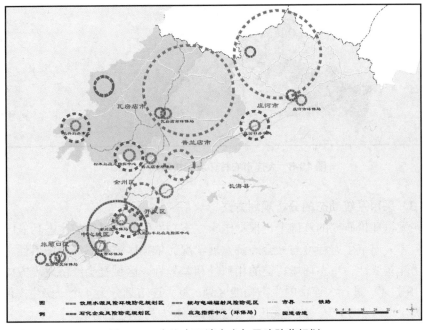

图 10-7　大连市环境安全与风险防范规划

（2）有效协调生态保护与经济开发的关系

图 10-8 对农业生产的范围进行了规划，确定了畜禽养殖的污染控制区间，保障了敏感区域的生态环境安全。此外，根据不同区域的资源环境承载力、现有开发密度和发展潜力，将大连市划分为禁止开发区、限制开发区、优化开发区和重点开发区（图 10-9），并基于环境承载力分析了各工业区的限制行业。通过明确保护区范围、生态功能区划、空间管制分区及经济重点发展区域，协调了生态保护与经济开发的关系。

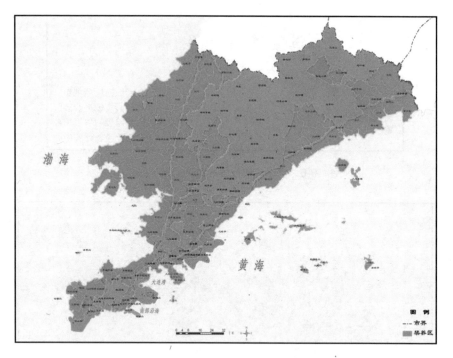

图 10-8　大连市农村环境保护规划（2020）

（3）采用系统动态的分析规划方法

在大量理论研究的基础上，根据国家生态功能区划和辽宁省生态功能区划，充分考虑大连市生态环境与社会经济发展状况。依据区域生态环境敏感性、生态服务功能重要性、生态环境特征的相似性和差异性、区域社会经济发展方向等，运用 3S 技术，进行大连市的生态功能区划。将大连市划分为 4 个一级生态区、10 个二级生态区和 73 个三级生态区。区划的具体结果见图 10-10。

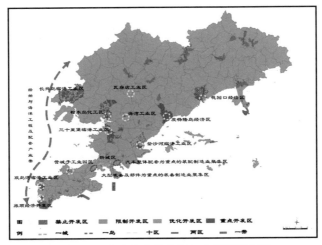

图 10-9 大连市产业布局与空间管制分区

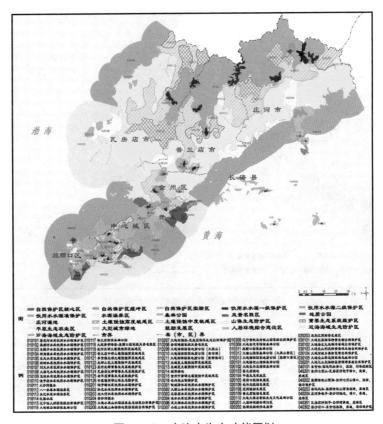

图 10-10 大连市生态功能区划

（4）着力打造生态安全格局

为了构建促进大连市城乡生态化发展，以及生态安全的"两横一纵、五大生态廊道"，形成可持续发展的生态安全格局。《大连市环境保护总体规划》根据生态安全格局的理论内涵与设计原则，大连市生态格局由陆地和海洋两个部分组成，在"一条绿色脊梁多个开放廊道"（图10-11）的生态格局的基础上，合理发展和布局产业与人口。通过基本生态控制线的划定，明确大连市经济与城市发展中应该重点保留的生态本底。

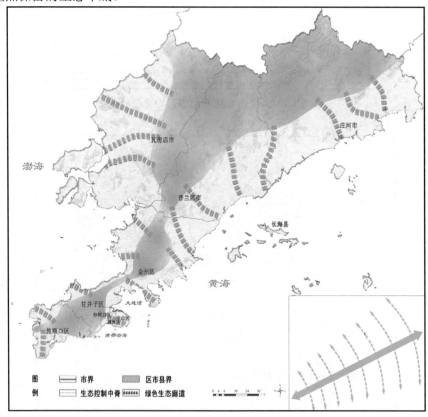

图 10-11　大连市区域景观生态结构

大连市生态保护区现状见图 10-12。大连市生态保护区包括饮用水水源地、自然保护区、森林公园、地质公园、风景名胜区等。在大连市生态保护区规划图（图 10-13）中划定了生态保护区范围，在空间上规定了生态保护的范围及重点保护区域，使管理者能按照生态红线，实行严格的保护与控制。

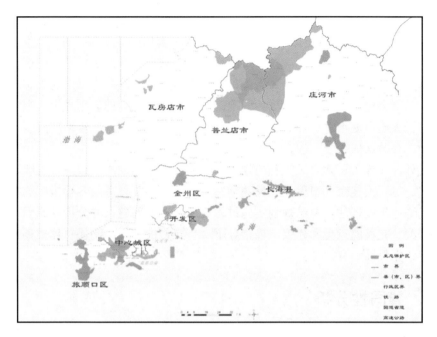

图 10-12 大连市生态保护区现状（2007）

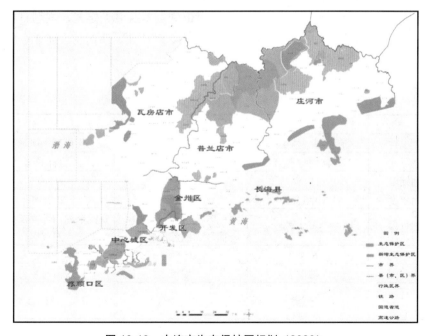

图 10-13 大连市生态保护区规划（2020）

（5）实现部门间规划的有效联动

从现阶段来看，《大连市环境保护总体规划》提出的环境保护目标、生态功能分区、规划措施等已融入到同期开展的《大连市城市总体规划》、《大连市土地利用总体规划》修编工作中。如《大连市环境保护总体规划》中提出的生态功能分区已作为《大连市城市总体规划》的基础，纳入其主体功能区划之中。编制期间反复与《大连市城市总体规划》、《大连市土地利用总体规划》修编部门沟通，实现联动，有效保证了统一性。

此外，大连市还建立了完善的规划评估制度，采用动态、跟踪、连续、循环的方式、对《大连市环境保护总体规划》所提出的主要任务及各项指标的执行完成情况进行年度评估，总结规划实施过程中所存在的问题，并分析其原因，从而提出修改、完善的意见和建议，以指导下一步工作的开展，确保总体规划实施的连续性、完整性和有效性。

10.4　异同性分析

目前，环境保护总体规划作为环境规划领域的一个新的尝试，已得到国内诸多城市的普遍认同。在不断学习、借鉴领先城市经验的基础上，众多城市相继开展了环境保护总体规划的编制与实施工作。但规划本身并无定式，规划目标、核心内容等方面还需具体分析、因地制宜。表 10-2 对广州、澳门、大连 3 个典型实践的主要成果进行比较和总结。

表 10-2　环境保护总体规划实践的异同性分析

	广　州	澳　门	大　连
规划属性	治理型、约束型	协调型、培育型	优化型、引导型
规划导向	问题导向	目标导向	目标导向
规划期限	15 年	10 年	15 年
起始年度	1996 年	2010 年	2008 年
规划目标	居民生活质量	宜居、宜游、节能、循环、绿色、优质	资源节约、环境友好、生态宜居
规划核心内容	6 项	15 项	10 项
关注范围	城市	城市	城市与乡村
是否进行功能区划	是（多类）	是（三类）	是（三级+多类）
是否考虑规划与环评的关系	否	否	是

	广 州	澳 门	大 连
规划直观性（图件）	弱-精度不高	中-精度不高	强-精度高
规划指标体系	37 项	11 项	33 项
是否进行规划执行情况评估	否	是	是
是否涉及环境规划体系建设	否	是	是
规划的空间属性	弱	中	强
区域协作要求	省市统筹	区域共建	全域谋划
规划实施执行力	中	弱	较强
与相关规划的逻辑关系	提及	未说明	明确
规划实施保障机制	已颁布条例	拟制定质量标准和法规条文	已颁布条例，并采取行政等手段
规划公众参与程度	低（政府）	高（政府、企业、学校、媒体、公众）	中（政府、企业、公众）
规划部门协作	独立	独立	联动
规划执行监察	阶段性	循环	年度、动态
是否进行	总量控制	是	是	是
	容量预测	否	是	是

10.5 实施效果评价

随着我国经济建设的快速发展，城镇化速度不断加快的发展趋势不可避免。环境保护总体规划作为环境规划领域的一个新的尝试，在优化配置城市环境资源和规避潜在环境风险，使城市走上可持续发展的良性轨道方面的作用凸显，真正将环境保护工作前移，成为政府综合决策的重要支撑。

目前，各地环境保护总体规划工作的推进都取得了一定成效，例如大连市已经建立了统一又切合实际的环境指标体系，并构建了完善的空间规划体系结构与协调机制。《大连市环境保护总体规划》提出的环境保护目标、生态功能分区、规划措施等已融入到同期开展的《大连市城市总体规划》、《大连市土地利用总体规划》修编工作中。此外，《大连市环境保护总体规划》措施也在大连的主体功能区划、排污口综合整治、烟尘整治以及建设项目的控制与审批等方面得到应用。可以说，《大连市环境保护总体规划》已成为环境决策参与政府社会经济发展决策很好的切入点，为发挥环境保护对调整产业结构、转变经济发展方式的积极作用奠定了基础，对大连市未来的经济发展和环境保护具有重要的现实指导意义。

具体来看，当前环境保护总体规划工作的主要成效体现在：

第一，开创环境规划新思路，保障生态环境长效机制。改变了传统环境规划编制思路，将环境要素综合考虑，实现区域统筹全覆盖。促进环境保护工作的短期效应与长效机制的有机结合。强调政策法规与环境管理能力建设，为实现环境规划由传统的技术工具向公共政策转变指明了方向。

第二，环境规划的空间可控性得以提升。把环境保护总体规划主要内容落实到图上，给决策者直观、形象的空间概念，易于理解，便于操作和实施。运用最新的 GIS 系统和数学模型，对生态、大气、水、固体废弃物、噪声等环境进行分析和预测，运用大量的图件对现状和规划进行说明，表达环境质量现状、规划措施及规划效果，强化了环境规划的空间调控与引导作用。如 2007 年大连市运用环境空气中二氧化硫浓度分布图和 2020 年大连市环境空气中二氧化硫浓度分布图，形象地展示了规划措施实施前后污染物浓度的空间分布，对污染控制起到指导性作用。《大连市环境保护总体规划》绘制的 150 多套矢量化图件，目前已成为大连最为系统化的生态与环境保护图集，包括了自然保护区、森林公园、风景名胜区、环境功能区划、环境预测、规划措施等很多方面。图件的精度在 5～10 m，空间可控性强，完全能够满足环境保护工作的需求，为科学管理提供了有力的技术支持。

第三，提高了环境规划的科学性和可行性。丰厚的理论依据和多样的技术方法为环境保护总体规划的顺利开展奠定了基础。尤其是评估技术、预测技术、区划技术、总量控制技术的运用，有助于各个城市建立切实符合自身情况的规划指标体系，从而使规划的科学性得以提升，可行性得以增强。

第四，完善环境规划体系，努力实现"规划整合"。环境保护总体规划编制的有益尝试，是实现多规整合的有利契机，有助于环境保护规划地位的提升，使之与城乡总体规划和土地利用总体规划同步落实，实现真正意义上的"三规统一"，形成协调完善的空间规划体系。

综合来看，环境保护总体规划的提出，首先，实现了城乡规划、土地利用规划、环境保护规划在城市总体层面的对接，使环境保护规划的地位得以提升，空间引导、调控作用得以发挥，从而改变长期以来环境保护规划的滞后性和权威性不足等问题。其次，为环境影响评价提供了有力依据，改变了以往进行环评时所涉及、依据的法规、政策、标准、规范等基础数据和评价指标的松散、凌乱状况。再次，整合建立了较为完整的环境规划体系，实现了环境规划由传统孤立、分散的专项要素规划，向综合性、空间性、协调性规划的新性质、新结构转变。

　　总之，进行行业改革是自上而下与自下而上变革探索的双向结合，也是在国家规划体系框架下不断推陈出新的过程。事实上，在今天我国环境规划行业发展过程中也正体现出这两方面的共同努力。从环保部的成立，以及一系列与时俱进的政策、文件、标准的推陈出新，到各地城市对环境保护事业的积极探索与实践，看到了国家创新体系逐步完善发展的可喜成效。但由于我国地域广大，区域发展的差异明显，城市间在城市化水平、资源禀赋、环境承载力等基础方面的差异不同程度的存在，地方在规划技术储备、人才队伍培养、社会对规划的认同程度等方面也有较大差异。因此，在国家框架之下，进行具有地方性特色的积极探索具有重要意义，其多元化的素材、成果，也能通过不断的积累上升为理论，从而更好地指导地方的规划实践。

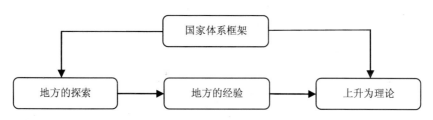

图 10-13　国家体系框架下的地方探索路径

附　录

《大连市环境保护总体规划（2008—2020）》
2010 年实施情况评估报告

《大连市环境保护总体规划（2008—2020）》是在以往编制大连市生态环境保护五年规划和总结 30 年环保工作经验的基础上，创新性编制完成的规划。《大连市环境保护总体规划（2008—2020）》通过全域谋划、生态优先、远近结合，将环保目标、环境要素、环保项目落实到全域各个具体空间和近期至远期的每个时段，明确了大连市未来的环保工作重心和发展趋势，是今后大连环境保护和生态建设的指导性、纲领性文件。为认真落实好《大连市环境保护总体规划（2008—2020）》内容，有的放矢地做好大连市环境保护工作，对《大连市环境保护总体规划（2008—2020）》近期规划（近期规划至 2010 年）的实施情况进行了总结评估。

一、《大连市环境保护总体规划（2008—2020）》近期规划完成情况评估

《大连市环境保护总体规划（2008—2020）》实施以来，大连市环境保护工作在大连市委、市政府的正确领导下，以建设资源节约型、环境友好型社会和生态宜居城市为总体目标，全面贯彻落实科学发展观，以促进经济发展和优化结构为主线，通过优化城市布局和产业结构，全面开展环境综合整治、工业污染防治和生态环境保护，基本按计划完成了《大连市环境保护总体规划（2008—2020）》制定的近期目标和重点任务。从总体上看，大连市环境保护工作按照规划内容运行健康、良好，《总规》确定的目标和任务科学、合理。

1. 规划指标完成情况

《大连市环境保护总体规划（2008—2020）》确定了 33 项指标，分为环境质量指标、总量指标和环境建设与管理指标，按照近、中、远期 3 个时期分别规划了 2010 年、2015 年和 2020 年的指标值。2010 年，有 23 项指标完成近期规划指标值，其中环境质量指标 10 项，总量指标 3 项，环境建设与管理指标 10 项。有 10 项指标未达标，其中环境质量指标 3 项，分别是近岸海域油类年均值、近岸海域磷酸盐年均值、近岸海域高锰酸盐指数年均值；总量指标 1 项，是氨氮排放量；环境建设与管理指标 6 项，分别是城市生活垃圾无害化处理率、环境保护投资指

数、城市集中供热率、单位 GDP 能耗、森林覆盖率、公众满意率（表 1）。

表 1　2010 年大连市环境保护总体规划指标完成情况

序号	指标名称	2007 年完成值	2009 年完成值	2010 年完成值	2010 年规划值
1	空气质量达到一级标准的天数	82	115	135	≥100
2	空气质量达到和优于二级标准的天数	338	359	361	≥350
3	空气中可吸入颗粒物年均值/（mg/m^3）	0.086	0.073	0.060	≤0.080
4	空气中二氧化硫年均值/（mg/m^3）	0.049	0.035	0.030	≤0.045
5	空气中二氧化氮年均值/（mg/m^3）	0.043	0.028	0.030	≤0.040
6	近岸海域油类年均值/（mg/L）	0.022	0.021	**0.027**	≤0.022
7	近岸海域无机氮年均值/（mg/L）	0.275	0.171	0.184	≤0.250
8	近岸海域磷酸盐年均值/（mg/L）	0.011	0.011	**0.014**	≤0.010
9	近岸海域高锰酸盐指数年均值/（mg/L）	0.78	1.10	**1.20**	≤0.75
10	地表水水质达标率/%	100	100	100	100
11	饮用水水源水质达标率/%	100	100	100	100
12	区域环境噪声平均值/dB（A）	53.1	53.3	53.0	≤54.0
13	交通干线噪声平均值/dB（A）	68.5	67.7	67.9	≤68.0
14	烟粉尘排放量/万 t	7.19	5.17	5.17	≤7.11
15	二氧化硫排放总量/万 t	11.55	9.47	8.80	≤10.12
16	化学耗氧量排放量/万 t	5.59	4.69	4.29	≤5.05
17	氨氮排放量/万 t	0.87	0.68	**0.57**	≤0.50
18	城市生活污水处理率/%	81.08	90.00	90.40	≥85.00
19	中水回用率（市区）/%	32	39	40	≥35
20	农村生活污水处理率/%	10	13	30	≥30
21	工业固体废物综合利用率/%	86	94.7	95.9	≥90
22	危险废物无害化处理率/%	100	100	100	100
23	城市生活垃圾无害化处理率/%	93.29	94.00	**86.00**	≥98.00
24	农村垃圾无害化处理率/%	10	15	30	≥30
25	环境保护投资指数/%	1.9	1.81	**2.21**	≥2.3
26	城市集中供热率/%	83.2	89.7	**85.0**	≥88.0
27	单位 GDP 能耗（t 标准煤/万元）	0.92	1.27	**1.20**	≤0.80
28	单位 GDP 用水量（t/万元）	38.3	29.99	30.0	≤37.0
29	城市建成区绿化覆盖率/%	43.3	44.5	45.0	≥45.0
30	自然保护区面积覆盖率/%	10.59	10.59	11.96	≥11.00
31	森林覆盖率/%	41.5	41.5	**41.7**	≥45.0

序号	指标名称	2007 年完成值	2009 年完成值	2010 年完成值	2010 年规划值
32	建成区人均公共绿地面积/m²	11.1	12.3	13.0	≥13.0
33	公众对环境的满意率/%	85.91	85.57	**63.42**	≥90

注：①2010 年近岸海域油类年均值指标超标主要是由 "7·16" 爆炸火灾事故造成。2010 年海域共监测 3 次，4 月和 10 月的监测结果均值为 0.017 mg/L。
②加粗字体数值为未完成近期规划的指标值。

2. 环境质量情况

2010 年，大连市大气环境质量基本保持稳定。市区空气质量达一级标准的天数为 135 d，空气质量达到和优于二级标准的天数达到 361 d，占总天数的 98.9%。市区空气中二氧化硫、二氧化氮、一氧化碳、可吸入颗粒物年均值全部达到空气质量二级标准。自然降尘年均值超出省定标准 1.2 倍，比上年略有升高。

2010 年，大连湾主要污染物是无机氮和石油类，无机氮年均值同比持平，石油类年均值同比有所上升，石油类升高，主要是受 "7·16" 污染事故的影响；其他海域水质较好，各项监测指标年均值符合国家二类海水水质标准。

2010 年，地表水水质基本保持稳定。碧流河水库、英那河水库等饮用水水源水质良好，符合饮用水水源水质要求，各水源地水质达标率 100%。

2010 年，大连市各区市县区域环境噪声均值范围为 50.8～54.8 dB，质量等级为较好。各区市县区域环境噪声均值均无明显变化。交通噪声值局部有所升高。

二、《大连市环境保护总体规划（2008—2020）》执行情况

《大连市环境保护总体规划（2008—2020）》实施以来，各部门按照《总规》提出的目标任务，积极采取措施，全力推进，成效显著。

1. 深入开展城市环境综合整治

加快城市环境基础设施建设，近期规划建设的 15 个污水处理厂中，小平岛、石槽、老虎滩、营城子、大孤山、董家沟、小窑湾、金州城区和庄河城区 9 座污水处理厂已经建成；寺儿沟污水处理厂正在建设；其余 5 座污水处理厂均已启动前期工作。截至 2010 年，大连市共有城市污水处理厂 29 座，设计日处理污水能力为 113.8 万 m³，城市生活污水处理率达到 90% 以上。原有及新建成的污水处理厂均安装了进出水在线监测装置。建成了夏家河污泥处理厂，城市中心区污水处理厂产生的脱水污泥已全部运往污泥处理厂进行无害化、资源化处理。

为了改善大气环境质量，有效控制煤烟型污染，大连市继续组织开展烟尘综合整治，大规模实施"拆炉并网，集中供热"工程，达到标本兼治的目的。2000—2010 年共拆除锅炉 328 台，烟囱 220 根。降低了大连市烟尘排放密度，减轻了低空环境污染情况。

严格执行机动车环保准入标准，完善年检、路检、停放地抽检"三位一体"的监管体系。截至 2010 年，共更新老旧公交车辆 921 台，其中混合动力车 222 台，纯电动车 26 台，抽检车辆 10 万余台，处罚超标车辆 1 万余台。实施机动车以旧换新补贴制度，严格执行《汽车报废标准》（国经贸经[1997]456 号）。截至 2010 年，共更新老旧车辆 1 847 台，发放补贴资金 2 616.3 万元。

近年来，建成了 35 km 滨海路绿化带、旅顺南路至港湾桥绿化带、新老市区快速路绿化带、飞机场至棒棰岛绿化带 4 条"绿化长龙"和以棒棰岛、星海湾、滨海路重点区域为基本框架的主城区绿化格局，将市区绿地的点、线、面串联起来，初步形成了大的绿化生态体系。到 2010 年年底，大连市城市绿化覆盖率达到 45%，人均公共绿地面积 13 m^2。

2．努力控制污染物排放总量

按照环保部及辽宁省政府要求，"十一五"期间大连市二氧化硫需在 2005 年基数上削减 15%，化学需氧量需在 2005 年基数上削减 15.9%。这一指标是静态的，在保持经济快速增长的前提下，实际减排要远远大于这一数据。围绕污染减排这一核心工作，大连市多措并举、加强督办，有力推动了一系列重点减排工程的建设。截至 2010 年，完成了市政府与省政府签订责任状的春柳河污水处理厂二期、金州西海污水处理厂、庄河污水处理厂等 18 家污水处理厂建设任务，全市污水处理能力达到 113.8 万 t/d；督促辽渔集团和船舶重工建成了两座污水处理站；对华能大连电厂等 8 家燃煤电厂及全市 20 台 75 t 以上供热锅炉进行了脱硫改造。2010 年，大连市化学需氧量排放总量比 2005 年减少 1.72 万 t，下降 28.7%；二氧化硫排放总量比 2005 年减少 3.09 万 t，下降 25.9%。

3．全面加强生态环境建设

为保护好大连市的生态环境和自然资源，建立了分布较广、类型较全的自然保护区网络。全市现有自然保护区 12 个、市级以上风景名胜区 5 个、森林公园 13 个、饮用水水源保护区 27 个、地质公园 1 个，受保护地区面积为 1 503.51 km^2，占全市国土总面积 11.96%。注重天然植被的保护和恢复性建设，不断加大植树造林力度，通过封山育林、退耕还林、小流域治理等大量工作，使得耕地面积减少的速度减缓，水土流失面积减少。

农村生活污水、垃圾治理工程是农村环境综合整治的重要内容，《大连市环境保护总体规划（2008—2020）》实施以来，大连市积极推进农村生活污水、垃圾处理体系建设工作。2009 年，《大连生态市建设规划》（2009—2020）通过了环保部组织的专家评审，标志着大连市生态宜居城市建设全面启动。同时，各区市县生态创建也全面展开，金州区、瓦房店市、普兰店市、庄河市生态市建设规划先后通过省级专家论证，旅顺口区、庄河市政府已提请辽宁省环保厅进行省级验收。截至 2010 年，大连市共有 4 个乡镇获得"全国环境优美乡镇"称号，22 个乡镇获得"辽宁省环境优美乡镇"称号，50 个行政村获得"辽宁省环境优美村"称号，27 个乡镇获得"大连市生态示范镇"称号，长海县大长山岛镇、广鹿乡正式获得国家级生态乡镇（原全国优美乡镇）命名。大连市在全国率先建立了农村环保目标责任制，并被环境保护部列为全国农村环境综合整治试点城市。

2010 年，《大连市饮用水水源保护区区划方案》获省政府批复并正式颁布实施，其中新增饮用水水源保护区 15 个，新增饮用水水源保护面积 128.97 km^2。2010 年，大连市政府对大连石城乡黑脸琵鹭自然保护区进行了调整，调整后面积减少 28.137 km^2。

4．不断加大环境法制建设和执法监督力度

2008—2010 年，先后出台了《大连市环境保护局行政罚款实施细则》、《大连市污染源自动监控设施建设和运行管理办法（暂行）》、《关于对危险废物经营单位经营情况实行台账管理的通知》、《关于开展危险废物经营单位运营状况评估工作的通知》、《关于进一步规范建设项目环境影响评价工作的通知》、《大连市建设项目环境影响评价文件审批规定（修改）》、《大连市排污许可证暂行管理办法》、《大连市实验室污染防治管理办法（试行）》、《关于污染源自动监控系统实施政府运行相关事宜的通知》和《大连市非电燃煤锅炉烟气脱硫设施建设与运行管理办法》等十部行政规范性文件。修订了《大连市环境保护条例》、《蛇岛老铁山国家级自然保护区管理办法》和《大连市机动车排气污染防治管理办法》等规范性文件。其中，《蛇岛老铁山国家级自然保护区管理办法》已于 2009 年由大连市人民政府令第 104 号公布施行。

强化环境执法监督工作，开展环境违法行为专项整治行动，关闭污染严重企业；开展饮用水水源地、工业园区、矿山生态、"两高一资"、钢铁、造纸、重金属、污水处理厂等专项执法检查。

电磁辐射管理逐渐加强，摸清了大连市放射源的底数，对放射源实行一源、

一码、一卡全过程管理。建立完善的核事故应急预案，初步形成辐射事故应急处置社会救援力量。2010 年，大连市开展了辐射环境安全大检查工作，对 43 家放射源单位放射源进行了检查，对辐照中心、放射源探伤企业等重点单位进行了复查，对存在安全隐患的单位提出了整改意见。对 464 家射线装置单位核发了辐射安全许可证。加大射线装置使用单位的许可证检查力度，对无许可证的 36 家单位下发了限期办理许可证的通知。完成了 56 家企业辐射项目环境影响评价文件和许可证的初审工作，完成了 36 家申领辐射安全许可证单位的现场检查。全年共审批电磁辐射项目 2 个，初审电力项目 7 个，移动通信项目 4 个，保证了重点项目建设顺利进行。

5．逐步提高公众参与环保的意识

认真落实《环境影响评价法》公众参与制度，通过举行论证会、听证会和其他形式来征求有关单位、专家和公众的意见。

《大连市环境保护总体规划（2008—2020）》实施以来，开展了"6·5 世界环境日"宣传、"大连市十大环保人物"评选等活动，市民们积极踊跃参加。大连市在全国率先开展了星级环保志愿者评定活动。环保意识教育行动逐步渗透到各个领域，在大中小学校普遍开设了环保课，积极做好环境知识普及工作。

绿色创建活动全面展开，截至 2010 年，大连市共有绿色社区、医院、学校、酒店、幼儿园 171 个，其中国家级绿色社区 1 个、省级绿色学校 34 所、绿色社区 6 个，全社会环境意识进一步增强。

三、存在的问题

1．部分指标值设置不够合理

大连市 2009 年、2010 年近岸海域磷酸盐年均值分别为 0.011mg/L 和 0.014mg/L，近岸海域高锰酸盐指数年均值 2009 年、2010 年分别为 1.10mg/L 和 1.20mg/L，而国家标准中一类标准只有 0.015 mg/L 和 2mg/L。按照国家标准，大连市海域水质的这两项指标均符合国家海水水质一类标准。大连市近岸海域环境功能区划中，大部分海域为二类和四类标准区，而这两项指标值已经满足了一类标准区要求，如果继续降低指标值有难度，建议对指标进行相应的调整。

近年来，随着城市建设的发展以及机动车车流量的增加，城市噪声值在现有基础上保持稳定已经是难题，如果不通过相关政策来加大对城市车辆管理和控制的力度，实现噪声逐渐下降难度很大。

2．优化经济发展的压力加大

第二产业是大连城市经济的主要支撑，大连的工业企业以高耗能的重化工业企业为主，未来若干年工业经济还将有所发展，第二产业比重短期内仍然会高于第三产业比重，结构性污染仍然存在，工业经济快速发展对资源和能源的需求量大，这将对大连市资源和环境带来极大的压力。

3．污染减排任务艰巨

近年来，大连市市区空气污染为煤烟、扬尘、汽车尾气和有机废气（VOC）混合型污染，酸雨呈加重趋势。由于大连市的经济发展仍处于工业化中后期阶段，污染物排放工业源也在不断增加，集中于电力、热力生产和供应业、建材业、石油化工业和精细化工业。如果不加大污染减排力度，主要污染物排放量将远远高于环境承载能力。同时，国家关于主要污染物减排的要求不断提高，污染减排任务仍相当艰巨。

4．水污染负荷加重

部分区市县城市生活污水处理率仍有待提高。大连市农村聚居点的生活污染物普遍直接排入周边环境中，对环境产生较大压力。畜牧业快速发展也是造成大连市农村面源污染的主要原因之一。此外，大连市工业园区污水处理厂建设整体滞后，部分园区仍存在先污染后治理的情况。

5．环境应急能力亟须提升

目前，大连市环保局成立了环境应急专门机构，而区市县环保局尚未成立应急管理专门机构，使得环境应急管理工作不能从组织机构上得到保障。此外，大连市环境应急专家体系也不完善，目前大连市环境应急专家组专家总量不足，而且结构比例失调，没有能够按照环境事故类型发生概率建立结构合理的专家库。

应急物资储备与调度体系尚未建立。目前，大连市的环境应急资源分布与储备情况底数不清，没有建立环境应急物资储备与调用体系，一旦发生重大以上环境污染事故，不能做到及时、准确的设施物资配送，将影响事故的有效救援。

四、实施《大连市环境保护总体规划（2008—2020）》的建议

根据《大连市环境保护总体规划（2008—2020）》提出的指标要求，实现中远期规划的目标指标仍面临较大压力，需要各级政府高度重视，统筹安排，在大连

市全域城市化进程当中，加大资金投入，加快城市环境基础设施建设，有效解决在污染减排、农村环境整治等领域存在的生态环境问题。

1. 加大投入，加快城市环境基础设施建设

近年来，国家全面推进振兴东北老工业基地战略，大连市经济继续保持快速发展势头，大连市"十一五"期间地区生产总值年均增长 16% 以上，比"十五"提高 2.7 个百分点。2010 年地区生产总值将突破 5 000 亿元（2007 年 3 131 亿元）。环境保护投资指数 2009 年为 1.81%，2007 年为 1.91%，2005 年为 2.04%，呈逐年下降趋势，地区经济的快速发展与环境保护投资逐年递减致使大连市环境保护工作面临压力增大，改善环境质量任务艰巨。目前，根据大连市全域化城市发展需要及生态市规划的指标要求，大连市城市污水集中处理率要不断提高，各县市均应建设生活污水处理厂，逐步将污染源普查范围内的重点建制镇纳入污水处理范畴，推进小城镇环境基础设施建设。因此要保证规划的落实就必须加大财政资金投入，多渠道筹措资金。

2. 加快调整产业结构，全面实施节能减排工作

近年来，大连三次产业结构由 2007 年的 7.9∶49.1∶43 变为 2010 年的 6.7∶51.3∶42，呈现出第一产业比重稳步减少，第二产业比重不断提高，第三产业比重逐年下降的趋势。石化、造船、装备制造快速发展，工业整体实力逐步提高。随着支柱产业占规模工业增加值比重的增加和大批项目陆续建成、投产，能源消耗和污染排放的总量将越来越大，环境潜在压力逐步显现。大连市一次能源消耗以煤炭为主，燃煤过程中排放大量的二氧化硫、氮氧化物、烟尘等污染物，严重影响大连市大气环境质量；近年来，大连市机动车保有量每年以 10% 以上的速度递增，市内交通主干道和重点区域、重点路段机动车尾气污染问题日益突出。因此，随着节能减排工作的深入，节能减排的难度、压力也越来越大。

为完成国家污染物总量控制指标，应加快发展现代服务业、优化产业结构，转变经济增长方式，提升城市竞争力。要坚持需求导向，统筹考虑石化、造船、装备制造等行业发展规模。加强重点减排项目的督办和监管，同时加快减排重点工程在线监测设备的安装与管理，逐步建立完善的在线监测管理体系。

3. 加强重要生态功能区域的修复和保护，增加受保护区面积比例

受保护地区占国土面积比例是指辖区内各类（级）自然保护区、风景名胜区、森林公园、地质公园、生态功能保护区、水源保护区、封山育林地等面积占全部

陆地面积的百分比。《大连市环境保护总体规划（2008—2020）》中该项指标的中期（2015 年）规划值和国家生态市创建指标要求为≥17%。目前，大连市受保护地区面积为 1 503.51 km^2，占全市国土总面积 11.96%，实现了近期规划目标，但是要在 2015 年达到≥17%要求，还需不断加强大连市重要生态功能区域的修复和保护。

为能够做好生态保护工作，完成《大连市环境保护总体规划（2008—2020）》受保护地区占国土面积的比例的中期规划目标，大连市应在开发建设中最大限度地保护湿地，严格控制对自然湿地的开发活动，防止自然湿地面积的萎缩；加强对受破坏山体的生态恢复，禁止城区内开发建设及道路修建过程中的劈山行为，严格控制新的破坏自然山体景观的行为，恢复治理受损山体，逐渐修复废弃矿山；加强对饮用水水源保护区的生态保护建设，禁止饮用水水源保护区内一切破坏生态平衡、可能造成水源污染以及破坏植被的活动，全面实施水源涵养林、水土保持林和护岸林建设；加强林业建设，实施天然林保护和生态公益林保护，禁止天然林商业性采伐，确保天然林面积不减，质量不降。

4. 加大农村环境污染防治力度，提高生态环境质量

随着大连市农村城镇化进程速度加快，乡镇人口不断集中，乡镇生活污水和垃圾排放量也不断增加，目前乡镇缺乏必要的生活污水、垃圾收集系统和处理设施。畜牧养殖已成为大连市农村面源污染的重要来源之一，许多地区的畜禽粪污排放量已超过农民生活、农村工业等污染物排放量，对环境的影响日益突出。

为做好农村环境保护工作，应通过县域新型产业建设，带动农村工业化和城镇化发展。以农村乡镇垃圾和生活污水处理为切入点，确保各级财政配套资金及时到位，加快农村生态建设。加大流域水环境治理和保护，尤其是加大饮用水水源地环境监管力度。严禁新建与保护饮用水水源无关的建设项目，并对水源地环境构成威胁的企业实施关闭（搬迁）或限期治理等措施，保障全市饮用水安全。

5. 增加科研能力，提高解决新环境问题的能力

随着大连全域城市化进程不断加快，环境问题愈加复杂，机动车污染、土壤污染、水体污染等一系列城市环境问题呈不断加剧的趋势；废旧家用电器、报废汽车和轮胎等废弃物品的回收和安全处置任务十分繁重；农业面源污染、农村污水垃圾、禽畜养殖污染等环境问题也更加突出，许许多多新环境问题不断出现，使环境风险日益加剧。

为能够在经济发展的同时做好环境保护工作，建议提高环境科技实验研究能

力，加快实验室建设，形成较为完善的实验能力。同时大力发展环保科技，以技术创新促进环境问题的解决，优化、整合高等院校、科研院所、环保产业企业的环保科研力量，形成稳定的科技投入，走联合攻关道路，积极建立专家咨询参谋机制。

6．保护市民环境权益，提高公众对环境的满意率

近年来，随着大连市环保宣传工作的不断开展，市民在生活水平、生活质量不断提高的同时对城市环境保护工作质量和水平的要求也在不断提高。而《大连市环境保护总体规划（2008—2020）》中公众对环境的满意率指标是一个反映人民心理感受的相对性指标，一般受相对进步程度的感受和舆论宣传力度的影响比较大，在没有较强的宣传影响或个人深切的感受时，公众对环境的满意率就会维持或略低于上年水平。因此我们在做好环境保护工作的同时，还需加大环保工作宣传力度，建立顺畅的信息公开和公众参与渠道，利用宣传教育传递信息、引导舆论，通过公众的参与和监督，来加深公众对环保工作的认识与了解。

《大连市环境保护总体规划（2008—2020）》
2011 年实施情况评估报告

2011 年，是"十二五"的开局之年，也是《大连市环境保护总体规划（2008—2020）》中期规划的起始之年。大连市环保局在市委、市政府的正确领导下，以科学发展观为指导，以《大连市环境保护总体规划（2008—2020）》为统领，以生态宜居城市建设为主线，以污染减排和生态市建设为抓手，以管好水、管好大气、管好环境安全为重点，多措并举、全面推进，各项工作取得较好成绩。

一、基本情况

1. 规划主要指标完成情况

2011 年，《大连市环境保护总体规划（2008—2020）》中确定的 33 项指标与 2010 年相比，有 25 项指标值优于或持平，有 8 项指标值略差，差的指标分别是空气质量达到一级标准的天数、空气质量达到和优于二级标准的天数、空气中可吸入颗粒物年均值、空气中二氧化硫年均值、空气中二氧化氮年均值、近岸海域磷酸盐年均值、交通干线噪声平均值、环境保护投资指数（表 1）。

空气质量达到一级标准的天数、空气质量达到和优于二级标准的天数与 2010 年相比差别明显，主要原因：一是施工扬尘影响，近几年大连市基础设施建设投资逐年增加，2011 年上半年建筑施工和道路施工全面铺开，使尘污染明显上升。尽管市政府出台了市空气环境综合整治方案，对控制粉尘污染取得了一定成效，但施工工地仍存在管理死角，部分施工单位存在围栏高度不够、施工现场没有硬覆盖等情况，导致施工扬尘和二次扬尘的扩散，使本地的尘污染仍然较重；二是气象因素影响，2011 年大连市降水次数明显减少，空气不稳定天数下降、静风天数增加，不利于空气中污染物的扩散，同时 2011 年大连市受外来沙尘的影响比 2010 年同期明显增加，3—5 月大连市受外来沙尘影响 5 次，由此产生污染日 6 d，而 2010 年同期虽然受外来沙尘影响 3 次，但未产生污染日。

表 1　2011 年大连市环境保护总体规划主要指标完成情况

序号	指标名称	2009 年完成值	2010 年完成值	2011 年完成值	2015 年规划值
1	空气质量达到一级标准的天数	115	135	**93**	≥110
2	空气质量达到和优于二级标准的天数	359	361	**354**	≥352
3	空气中可吸入颗粒物年均值/（mg/m^3）	0.073	0.060	**0.065**	≤0.065
4	空气中二氧化硫年均值/（mg/m^3）	0.035	0.030	**0.033**	≤0.033
5	空气中二氧化氮年均值/（mg/m^3）	0.028	0.030	**0.034**	≤0.040
6	近岸海域油类年均值/（mg/L）	0.021	0.027	0.016	≤0.022
7	近岸海域无机氮年均值/（mg/L）	0.171	0.184	0.166	≤0.230
8	近岸海域磷酸盐年均值/（mg/L）	0.011	0.014	**0.015**	≤0.009
9	近岸海域高锰酸盐指数年均值/（mg/L）	1.10	1.20	1.1	≤0.73
10	地表水水质达标率/%	100	100	100	100
11	饮用水水源水质达标率/%	100	100	100	100
12	区域环境噪声平均值/dB（A）	53.3	53.0	52.9	≤53.5
13	交通干线噪声平均值/dB（A）	67.7	67.9	**68.1**	≤67.5
14	烟粉尘排放量/万 t	5.17	5.17	5.17	≤6.00
15	二氧化硫排放总量/万 t	9.47	9.19	—	≤8.50
16	化学耗氧量排放量/万 t	4.69	4.54	—	≤4.85
17	氨氮排放量/万 t	0.68	0.68	—	≤0.48
18	城市生活污水处理率/%	90.00	90.40	95.00	≥90.00
19	中水回用率（市区）/%	39	40	42	≥40
20	农村生活污水处理率/%	13	30	32.47	≥80
21	工业固体废物综合利用率/%	94.7	95.9	96	≥95
22	危险废物无害化处理率/%	100	100	100	100
23	城市生活垃圾无害化处理率/%	94.00	86.00	90.00	≥99.00
24	农村垃圾无害化处理率/%	15	30	33.9	≥90
25	环境保护投资指数/%	1.81	2.21	**2.0**	≥3.5
26	城市集中供热率/%	89.7	85.0	86.0	≥91.0
27	单位 GDP 能耗/（t 标准煤/万元）	1.27	1.20	1.15	≤0.68
28	单位 GDP 用水量/（t/万元）	29.99	30.0	28.5	≤35.0
29	城市建成区绿化覆盖率/%	44.5	45.0	45.1	≥46.0
30	自然保护区面积覆盖率/%	10.59	11.96	11.96	≥17.00
31	森林覆盖率/%	41.5	41.7	42.0	≥50.0

序号	指标名称	2009 年完成值	2010 年完成值	2011 年完成值	2015 年规划值
32	建成区人均公共绿地面积/m²	12.3	13.0	13.5	≥15.0
33	公众对环境的满意率/%	85.57	63.42	80.00	≥90.00

注：①2011 年指标值中，1~13 项指标值为截至全年的实际监测值，其余指标为预测值。
②加粗字体数值为略差于 2010 年值。

2. 环境质量状况

2011 年，大连市市区环境空气质量保持良好，市区空气质量达一级标准的天数为 93 d，空气质量达到和优于二级标准的天数达到 354 d，占总天数的 97%。在 4 个直辖市和 15 个副省级城市中优良率排第 4 位，优的天数排第 5 位。

近岸海域水质污染得到控制，市区近岸各海域各主要污染物均为下降或基本持平；碧流河水库、英那河水库、朱隈子水库、松树水库、刘大水库和北大水库水质基本保持良好，但由于部分支流入库的生活污水未经处理，对饮用水安全构成威胁；六大河流中碧流河、英那河、登沙河、大沙河、庄河水质较好，复州河个别河段污染较重。

声环境质量总体保持稳定，但局部有所下降。近年来部分新建道桥毗邻居民住宅，加之机动车辆迅速增加，交通噪声扰民问题日渐突出。

二、主要工作措施

1. 积极推进污染物总量减排

根据辽宁省政府下达的"十二五"减排任务要求，到 2015 年，大连市化学需氧量、氨氮、二氧化硫和氮氧化物的排放总量要分别比 2010 年减少 11.2%、13%、6.5% 和 9.5%。2011 年初大连市政府提出，2011 年大连市四项主要污染物应在 2010 年基础上分别减排 2%。为此，大连市环保局积极协调各方力量，迅速打开工作局面。一是制定相关减排措施。组织编制了《大连市"十二五"总量控制规划》、《大连市"十二五"大气污染联防联控方案》，为减排工作夯实基础；开展排污权交易试点工作，落实 75 t 以上大锅炉房脱硫项目正常运行奖励机制，采取经济手段促进减排；成立了由大连市政府督查室、市监察局、市环保局组成的联合督查组，专项督查城镇污水处理厂、燃煤电厂脱硫等污染减排重点工程建设情况，并通过公开招标委托 4 家有资质的第三方社会化运行公司对污染源自动监控系统进行运行，确保减排工作落到实处。二是推进重点减排工程。2011 年，在结构调整减排方面，东北特钢、大连染料化工自备电厂、坤达铸铁等一批重污染企业已关停。在工程减排方面，春柳河二期、庄河等已形成减排能力的污水处理厂持续稳定运行；金州西海等 6 座污水处理厂正在调试，可尽快形成减排能力；热电集团香海电厂二期脱硫、国电电力开发区热电脱硫、西太平洋催化裂化烟气脱硫、75 t 锅炉烟气脱硫等工程稳定运行，形成减排。2011 年，大连市化学需氧量、氨氮、二氧化硫三项主要污染物完成减排 2% 的任务。

2. 大力加强大气污染防治

一是积极开展拆炉并网工作。2011 年，大连市财力投入拆炉并网项目资金 1.3 亿元。大连市环保局于 2011 年年初启动了前期工作，制定了《大连市环保局 2011 年拆炉并网实施方案》，组织各分局调查分散小锅炉情况，筛选出符合财政补助政策的单位列入并网计划。2011 年，共并网锅炉房 23 处，拆除锅炉 32 台，总吨位 158 t，实现并网面积 100 万 m^2。二是控制建筑施工扬尘污染。为有效解决扬尘问题，大连市环保局会同拆迁办、城建、交通等部门，开展联合执法，明确扬尘污染控制地责任主体和监管部门。出台了《大连市扬尘排放量核算办法》及其实施细则，在全市范围内对扬尘排放单位征收扬尘排污费。2011 年，大连市环境监察部门对各类建筑及拆迁工地、矿场、排渣场以及可能造成二次扬尘的企业再次进行了全面排查，责令相关企业按时进行排污申报登记，对无故未申报的企业实施行政处罚。三是加强机动车尾气污染治理。2011 年，完成了机动车检测线升级改造，修订和完善了《机动车环保检测业务监督检查管理制度》、《机动车环保检测业务办理流程》和五项岗位操作规程。开展了"绿标路"创建工作，完成了人民路和中山路（中山广场—太原街路段）两条绿标路创建。在机动车日常监管中，严格执行新车登记注册制度，强化机动车尾气年度检测，开展机动车排气污染治理"百日会战"。2011 年，共路检车辆 3 470 台，查处超标车辆 639 台，坚决杜绝超标车辆上路行驶。此外，围绕全市的重点工作和大型活动，大连市有针对性地开展了高污染排放车辆的集中整治行动，督促大型企业和单位对车况差、冒黑烟严重的车辆进行自查，并加大治理、维修改造和更新车辆的力度，积极控制机动车尾气污染。

3. 全面做好水污染防治

一是推进排污口综合整治。制定了《2011 年中心城区入海排污口管理工作计划》，编绘了排污口的电子档案和地图，定期召开工作调度会议，积极推进排污口综合整治，实现了入海排污口的动态化管理，编制了《大连市城市中心区入海排污口整治情况（2011）》。2011 年，完成了 6 个排污口治理和 5 个废弃排污口封堵，完成 10 个入海排污口规范化整治改造并设立标志牌。城市中心城区现有 85 个入海排污口，其中市政排污口 60 个、企业排污口 25 个，企业排污口基本达标排放。二是加强污水处理厂运行监管。为有效解决大连市污水处理厂存在的超标问题，大连市加大污水处理厂的运行监管，对运行管理不善的污水处理厂加大处罚力度；对处理设施不能满足标准要求的污水处理厂持续督办整改；对导致入水水质超标的上游排水企业，查明污水源头，进行严肃处理。2011 年，大连市超标污水处理厂由去年的 11 座减少到 7 座。三是加强饮用水水源保护。按照《大连市饮用水水源保护区区划》要求，严把饮用水水源地建设项目的审批关，对饮用水水源地内违法建设项目坚决依法取缔。2011 年，完成饮用水水源保护区勘界立标试点工作，完成 9 处市控饮用水水源区划，大连市集中式饮用水水源地水质达标率为 100%，全市辖区内未发生重大及以上集中式饮用水水源地污染事故。四是加快农村污水处理体系建设。实施农村环保目标责任制，将辽宁省政府下达大连市的 15 个农村污水处理设施任务全部列入 2011 年度农村环保目标责任制考核指标体系，明确责任单位，加强督办。截至 2011 年，15 个农村污水处理设施全部建成，农村生活污水处理率达 32.5%。

4. 推动生态市建设再上新台阶

一是积极推进生态市建设工作。全市 5 个涉农区市县生态建设规划通过同级人大审议并颁布实施，生态建设工作取得了阶段性成果。2011 年，庄河市通过了省级生态县验收，长海县通过国家级生态县市级预验收，旅顺口区创建工作进展顺利。2011 年，大连市 80% 以上的乡镇开展了国家级生态乡镇创建工作，40% 的村开展了省级以上生态村创建工作，大连市长海县小长山岛镇正式获得国家级生态乡镇命名，全市有 3 个乡镇、33 个村获得省级生态乡镇、村命名，有 23 个乡镇、50 个行政村完成国家级生态乡镇、村申报工作，有 11 个乡镇、53 个村完成省级生态乡镇、村申报工作。二是不断提升自然保护区管理能力。为规范化管理自然保护区，有效提升自然保护区管理能力，大连市进一步明确了环保部门在自然保护区调整工作中的地位，理顺了自然保护区调整程序。2011 年，大连市环保局会同政府相关部门及科研单位，完成蛇岛老铁山国家级自然保护区实验区社区共建与能力建设示范性项目建议编制工作。加快推进国家级自然保护区管理法制化进程，指导、配合斑海豹管理局完成《大连斑海豹国家级自然保护区管理办法》的编制工作，对保护区周边区域项目提出了监管要求，既充分考虑到保护的需求，也为长兴岛临港工业园区的发展提出了指导性意见。

5. 积极开展环境保护专项行动

2011 年，大连市环保局按照国家和省九部门部署的内容要求，深入开展针对重金属等重点行业的环保专项行动，将铅酸蓄电池企业的污染整治列为 2011 年环保专项行动的首要任务，对全市铅酸蓄电池生产、回收企业遵守环境保护法律法规情况进行了全面检查，严格按照国家九部委"六个一律"的执法要求查处违法企业，彻底解决了大连市铅酸蓄电池生产、回收企业的环境污染问题。

同时，继续加大对电镀、涂装等涉重金属企业的巡查和监督性监测频次，督促企业建立重金属特征污染物产生、排放台账和日常监测制度，规范污染原料、产品、废弃物堆放场和排放口，建立和完善重金属污染突发事件应急预案。联合大连市监察局对大连物华天宝科技发展有限公司等 3 家重金属污染重点案件实施挂牌督办，责令挂牌企业按时限完成整改，对违法企业所在地各级政府需要履行的职责提出明确要求。

6. 进一步加强固体废物管理工作

一是推进固体废物管理工作。编制完成《大连市危险废物处置产业发展指导意见》和《大连市固体废物污染防治规划控制意见》，明确大连市"十二五"期间危险废物处置产业发展的指导性意见和控制要求，为固体废物管理工作提供了依据和保障。二是开展各类专项整治活动。在全市范围内开展铅酸蓄电池生产企业、废铅酸蓄电池处置企业和废铅酸蓄电池产生企业的专项调查工作；开展固废专项核查、实验室专项检查工作；开展大型医院医疗废物执法专项整治行动；开展对乡镇、农村卫生院医疗废物的监管工作。三是开展污染场地土壤修复工作。为解决搬迁企业场地土壤污染问题，开展了搬迁污染场地土壤修复工作。目前，已完成了前期土壤污染情况调查，并制定了大化污染场地示范工程土壤修复工作方案，通过了由国内土壤修复方面的权威专家组的评审。已完善示范工程立项报告并上报大连市政府进行立项，这对于今后解决污染企业场地土壤污染问题是一个有益的探索。

7. 进一步加大环境执法力度

一是出台环境保护相关法规政策。新修订的《大连市环境保护条例》于 2011 年 3 月 1 日正式实施，为进一步推进大连市环境管理工作提供了法律保障。起草完成《大连市主要污染物排污权交易暂行管理办法》、《大连市环境保护局重大行政决策程序规定》、《大连市环境保护局关于加强行政调解工作实施意见》和《大连市环境保护局行政执法档案管理办法》，加强行政执法监督，严格依法行政考核。二是强化重点企业执法监察。开展重点石化企业风险源排查和督查，开展全市化学品环境管理和危险废物专项执法检查，努力构建全新的环境安全防范体系。2011年，对大连市40家重点石化企业风险源实施了现场督查，对555家重石油加工和炼焦、化学原料及化学品制造业、医药制造业三大类企业开展了专项检查，对部分城市、企业污水处理厂（站）的污水处理设施及大型企业及电厂脱硫设施进行现场监察，整改了8家单位污水超标排放、设施不正常运转等问题，保障减排工作落到实处。三是开展环境执法专项行动。为进一步加强环境监管，不断创新思路，开拓领域，组织开展市容环境综合整治工作；机动车排气污染治理"百日会战"；铁路沿线环境综合整治工作；农村工业污染源专项执法行动；畜禽养殖业环境执法专项检查；陆源溢油污染风险防范大检查。通过多手段、多措施，为大连市竖起了坚实的绿色盾牌。

三、存在的问题

1. 污染减排难度加大

根据辽宁省政府下达的"十二五"减排任务，到2015年大连市化学需氧量、氨氮、二氧化硫和氮氧化物的排放总量要分别比2010年减少11.2%、13%、6.5%和9.5%，减排形势不容乐观：一是经济社会迅速发展使减排压力加大。随着大连市城市建设进程加快，经济持续快速增长，煤炭消耗量以每年约10%的速度增长，城市人口逐年增加，致使主要污染物新增量过大，需要完成更多的削减量来消化掉新增量，给减排工作带来巨大压力。二是污染减排没有引起各级政府、有关部门的高度重视，重点项目推进困难。污染减排需要大量的项目作为支撑，这些项目如污水处理厂建设、电厂脱硫脱硝都是投资大、周期长、收益小的项目，很难真正引起地方政府、有关部门和企业的重视。

2. 施工扬尘监管不力

随着城区拆迁改造工作的深入，以及城市道路、地下管线等基础设施的建设，施工工地面积呈逐年上升趋势，城市局部区域扬尘污染严重。与其他城市相比，大连市扬尘监管手段有待提高：一是建筑施工扬尘监管缺乏具体的可操作性依据。目前，上海、深圳、杭州、长沙等许多城市均有当地政府颁布的《扬尘污染防治管理办法》，对扬尘污染防控责任部门、防控措施以及相关法律责任做出了明确的规定，大连市尚未出台相关管理办法。二是多部门监管，缺乏协调统一机制。目前，北京、厦门等城市采取城市管理执法局对建筑工地扬尘统一进行执法监管的做法，南京成立了环境综合整治指挥部，组织各部门联合对工地进行执法监督，90%的工地进行了硬覆盖。而大连市的建筑施工扬尘监管涉及建委、城建局等多个部门，各管一块，监管效果不佳。

3. 机动车污染防治措施乏力

目前，全市机动车保有量逐年增加，导致机动车尾气污染在大气污染中所占比例不断上升，二氧化氮浓度呈上升趋势。但大连市机动车污染防治工作与国内其他城市相比处于落后水平，监管乏力：一是机动车尾气监管措施不力，对冒黑烟车辆没有有效手段加以控制。目前全国副省级城市基本都制定了《机动车污染防治条例》，明确了环保、公安、交通等部门的职责，大连市还处于立法空白。二是"黄标车"淘汰进程慢。为尽早淘汰高污染的"黄标车"，国家出台了汽车以旧换新的补贴政策，在此基础上，北京、杭州、南京等城市当地政府还提供 4 000～6 000 元的财政补贴，积极推动老旧车辆淘汰。按辽宁省政府要求，2011 年全省"黄标车"应淘汰 30%，目前大连市尚未出台相关补贴政策，完成此项工作难度很大。

4. 农村环境基础设施建设不足

目前大连市农村生活污水处理率为 32.5%，农村生活垃圾处理率为 33.9%；而沈阳市农村生活污水处理能力达到80%以上，农村生活垃圾处理率达 70%以上；上海市农村生活污水处理率为 70%左右，农村生活垃圾处理率达到 90%以上。

根据辽宁省政府要求，到 2015 年全省乡镇污水处理率要达到 100%。而国家生态市建设要求全市 80%的乡镇达到国家级生态乡镇建设标准，即乡镇建成区生活污水处理率达到 80%，开展生活污水处理的行政村比例大于 70%；建成区生活垃圾无害化处理率达到 95%,开展生活垃圾资源化利用率的行政村比例大于 90%。目前，大连市农村环境基础设施建设推进非常艰难：一是农村生活污水、垃圾管理体制尚未建立，行政管理主体不清，造成各部门管理职能交叉；二是生活污水、垃圾设施建设资金短缺，乡镇财政难以承担建设和运行费用。

四、下一步工作计划

2011 年即将结束，未来几年我们将牢固树立科学发展观，按照《大连市环境保护总体规划（2008—2020）》的要求，以"让人民群众喝上干净的水，呼吸清洁的空气，吃上放心的食物，在良好的环境中生产生活"为宗旨，以改善大气环境、水环境质量，保障环境安全为重点，控制主要污染物的排放总量，稳步提升大气环境质量，改善地面水和近岸海域水质，加强土壤污染和重金属污染控制力度，全面开展生态市建设，建立农村污染防控体系，总体上遏制生态局部恶化趋势，改善重点区域和海域的生态、环境质量，提升城市品位。

1．抓好水环境综合防治

继续实施排污许可证制度；加强工业企业污水排放管理，加快重点工业企业污水处理厂建设；加快工业园区环境基础设施建设，到 2015 年完成省、市级工业园区污水处理厂及其配套管网建设。完善污水处理基础设施，加快已建污水处理厂的升级改造速度，不断提高城市污水集中处理率。规范整治沿海排污口，主要排污口安装在线监控设施，实现污染物排放的科学化、定量化、信息化管理。加强饮用水水源保护，对主要地表水水饮用水源地一级保护区逐步采取全封闭式管理。

2．抓好大气环境综合防治

严格执行国家产业政策，全面落实淘汰落后产能要求，遏制高耗能、高污染产业过快发展，严格控制污染物新增量。实施大气污染联防联控，加大拆炉并网力度，推进集中供热。中心城区以热电厂供热为主，逐步取消分散的小锅炉房。采取高污染车辆限行措施，实施"黄绿标"管理。控制施工场地扬尘污染。

3．抓好固体废弃物防治

加强固体废弃物管理，鼓励企业开发资源化再生利用途径，减少排放数量。加快危险废物处置设施建设进程，加强现有处理处置危险废物企业的监管力度，提高处理处置危险废物设施的技术水平。

4．抓好噪声污染防治

加大监管力度，重点解决噪声扰民问题。严格按照环境功能区划审批新建企业。加强建筑施工场地的噪声管理，严格按照规定的操作时间进行施工建设。限制重型卡车等强噪声车辆穿越中心城区等敏感区域。

5．抓好农村环境保护

针对农村重点区域开展集中整治，设立农村生活污水垃圾处理体系专项建设资金，建立乡镇生活污水垃圾运营管理体系，改善农村环境状况；开展村屯环境整治试点，加快改善村屯生活环境，推进村屯环境建设。

6．抓好环境风险防范

高度重视石油化工企业的环境风险防范，建立完善的安全管理制度，做好风险评价，编制风险预案；提高大连市辐射环境监测能力，完善全市辐射环境监测方案，提高放射源安全监管能力和核与辐射污染事故的应急能力。加快环境监察执法能力建设；对污染源实行动态监察，到 2015 年对市内的主要污染点源实现动态的自动化监控。

五、指标调整意见

1．对个别指标 2015 年规划值进行调整

（1）岸海域磷酸盐年均值、近岸海域高锰酸盐指数年均值

大连市 2010 年和 2011 年近岸海域磷酸盐年均值分别为 0.014mg/L、0.015mg/L，近岸海域高锰酸盐指数年均值 2010 年和 2011 年分别为 1.2mg/L、1.1mg/L，海域磷酸盐和高锰酸盐指数（GB 3097—1997 标准中的名称为化学需氧量）的一类标准只有 0.015 mg/L 和 2mg/L。按照国家标准，大连市海域水质的这两项指标均符合国家海水水质一类标准。大连市近岸海域环境功能区划中，大部分海域为二类和四类标准区，而这两项指标值已经满足了一类标准区要求，建议对规划指标进行相应的调整。

建议：近岸海域磷酸盐年均值、近岸海域高锰酸盐指数年均值 2015 年规划值分别调整为 0.010mg/L 和 0.9mg/L。

（2）二氧化硫排放总量、化学耗氧量排放总量、氨氮排放量

"十一五"期间污染减排是以 2005 年环境统计数据作为基准，而"十二五"期间污染减排是以 2010 年污染源普查变更数据为基准。由于污染源普查变更数据与环境统计数据范围不同，污染源普查变更数据明显高于环境统计数据，因此总量指标值也应当进行相应的调整。

建议：将《大连市环境保护总体规划（2008—2020）》指标表中二氧化硫排放总量、化学耗氧量排放总量、氨氮排放量改为二氧化硫减排率、化学耗氧量减排率、氨氮减排率。3 项指标 2015 年规划值分别为 6.5%、11.2%和 13%。

2．增加氮氧化物减排率指标

大气污染与氮氧化物等污染物密切相关，氮氧化物也是产生有害悬浮颗粒的

主要成因之一。"十二五"期间，国家将氮氧化物作为主要污染物约束性指标纳入"十二五"规划中，为能够改善大气环境质量，做好氮氧化物的减排工作，建议氮氧化物减排率作为一项指标纳入《大连市环境保护总体规划（2008—2020）》。

建议:《总规》指标表中增加氮氧化物减排率，该项指标 2015 年规划值为 9.5%。调整后《大连市环境保护总体规划（2008—2020）》指标内容见表 2。

表 2　大连市环境保护总体规划指标（调整后）

序号	指 标 名 称	2015 年规划值	2020 年规划值
1	空气质量达到一级标准的天数	≥110	≥130
2	空气质量达到和优于二级标准的天数	≥352	≥355
3	空气中可吸入颗粒年均值/（mg/m^3）	≤0.065	≤0.050
4	空气中二氧化硫年均值/（mg/m^3）	≤0.033	≤0.020
5	空气中二氧化氮年均值/（mg/m^3）	≤0.040	≤0.040
6	近岸海域油类年均值/（mg/L）	≤0.022	≤0.020
7	近岸海域无机氮年均值/（mg/L）	≤0.230	≤0.200
8	近岸海域磷酸盐年均值/（mg/L）	≤0.010	≤0.008
9	近岸海域高锰酸盐指数年均值/（mg/L）	≤0.90	≤0.70
10	地表水水质达标率/%	100	100
11	饮用水水源水质达标率/%	100	100
12	区域环境噪声平均值/dB（A）	≤53.5	≤53.0
13	交通干线噪声平均值/dB（A）	≤67.5	≤67.0
14	烟粉尘排放量/万 t	≤6.00	≤5.00
15	二氧化硫减排率/%	[6.5]	—
16	氮氧化物减排率/%	[9.5]	—
17	化学需氧量减排率/%	[11.2]	—
18	氨氮减排率/%	[13]	—
19	城市生活污水处理率/%	≥90.00	≥95.00
20	中水回用率（市区）/%	≥40	≥45
21	农村生活污水处理率/%	≥80	≥95
22	工业固体废物综合利用率/%	≥95	≥99
23	危险废物无害化处理率/%	100	100
24	城市生活垃圾无害化处理率/%	≥99.00	≥99.00
25	农村垃圾无害化处理率/%	≥90	≥100
26	环境保护投资指数/%	≥3.5	≥3.5
27	城市集中供热率/%	≥91.0	≥95.0
28	单位 GDP 能耗/（t 标准煤/万元）	≤0.68	≤0.47
29	单位 GDP 用水量/（t/万元）	≤35.0	≤30.0

序号	指 标 名 称	2015 年规划值	2020 年规划值
30	城市建成区绿化覆盖率/%	≥46.0	≥48.0
31	自然保护区面积覆盖率/%	≥17.00	≥17.00
32	森林覆盖率/%	≥50.0	≥50.0
33	建成区人均公共绿地面积/m^2	≥15.0	≥18.0
34	公众对环境的满意率/%	≥90.00	≥90.00

注：[ ]内数为 5 年累计数。

参考文献

[1] Brown M T, Ulglati S. Emergy measures of carrying capacity to evaluate economic investments[J]. Population and Environment, 2001, 22 (5): 471-500.

[2] Chaker A, El-Fadl K, Chamas L, et al. A review of strategic environmental Assessment in 12 selected countries[J]. Environ impact assess rev, 2006 (26): 15-56.

[3] Jurkiewicz-Karnkowska E. Some Aspects of Nitrogen, Carbon and Calcium cumulation in Molluscs from the Zegrzynski Reservoir Ecosystem[J]. Polish Journal of Environmental Studies, 2005, 14 (2): 173-177.

[4] Hall D J, Spanton A M, Bennett M, et al. Evaluation of new generation atmospheric dispersion models[J]. International Journal of Environmental and Pollution, 2008, 18 (1): 22-32.

[5] Kates R, Clark W C, Corell R, et al. Sustainability science[J]. Science, 2001, 292 (4): 641-642.

[6] Kerka G V, Manuel A R. A comprehensive index for a sustainable society: The SSI-the Sustainable Society Index[J]. Ecological Economics, 2008 (66): 228-242.

[7] Kuo N W, Hisiao T Y. ADelPhi-matrix approach to SEA and its application within the tourism-sector in Taiwan[J]. Environ impact assess rev, 2005 (25): 259-280.

[8] Reuven R Levary. Using the analy tichier archy process to rank foreign suppliers based on supply risks[J]. Computers & Industrial Engineering, 2008 (55): 535-542.

[9] Sen Wang, Can Liu, Bill Wilson. Is China in a later stage of a U—shaped forest resource curve? —Are-examination of empirical evidence[J]. Forest Policy and Economics, 2007 (10): 1-6.

[10] Simon U, Bruggemann R, Pudenz S. Aspects of decision support in water management- example Berlin and Potsdam (Germany) I-spatially differentiated evaluation[J]. Water Research, 2004, 38 (7): 1809-1816.

[11] Singh R K, Murty H R, Gupta S K, et al. An overview of sustainability assessment methodologies[J]. Ecological Indicators, 2009 (9): 189-212.

[12] Smakthin V U. Low flow hydrology: a review[J]. Journal of hydrology, 2001 (240): 147-186.

[13] Thomas L Daniels. A Trail Across Time: American Environmental Planning From City Beautiful to Sustainability[J]. Journal of the American Planning Association, 2009 (75): 178-192.

[14] Tian Shi. Ecological Economics in China: Origins, Dilemmas and Prospects[J]. Ecological Economics, 2002, 41 (1): 5-20.

[15] Yedla S, Shrestha R M. Mult-icriteria approach for the selection of alternativeoptions for

environmentally sustainablet ransport system in Delhi[J]. Transportation Research Part A Policy and Practice，2003，37（8）：717-729.

[16] Yufu Zhang，Satoshi Tachibana，Shin Nagata. Impact of socio-economic factors on the changes in forest areas in China[J]. Forest Policy and Economics，2006，9（1）：63-76.

[17] J. A. 迪克逊，等. 环境影响的经济分析[M]. 何雪炀，等，译. 北京：中国环境科学出版社，2001.

[18] 毕军，袁增伟，张炳. 转型期中国环境规划面临的困难与出路[M]//吴舜泽，徐毅，王倩，等. 环境规划回顾与展望：中国环境科学学会环境规划专业委员会 2008 年学术年会优秀论文集. 北京：中国环境科学出版社，2009：324-328.

[19] 曹清华. 构建科学的空间规划体系[J]. 国土资源，2008（7）：30-32.

[20] 曹勇宏，尚金城. 论我国现代环境规划理论体系的构建[J]. 环境科学动态，2005（4）：1-3.

[21] 陈文惠，廖克. 福建省生态环境综合系列图编制[J]. 测绘科学，2005（3）：41-47.

[22] 初慧玲. 水污染物总量控制的发展及前景探讨[J]. 黑龙江科技信息，2009（36）：364.

[23] 丁成日. "经规"、"土规"、"城规"规划整合的理论与方法[J]. 规划师，2009（3）：53-58.

[24] 董伟，张勇，何远光，等. 创建环境保护总体规划在大连社会经济发展中的战略地位及实施思路[J]. 环境科学研究，2010，23（4）：377-386.

[25] 董伟，张勇，张令，等. 我国环境保护规划的分析与展望[J]. 环境科学研究，2010，23（6）：783-784.

[26] 都小尚，周丰，郭怀成. 区域建设项目的污染物排放总量控制方法框架[J]. 城市环境与城市生态，2008，21（6）：20-24.

[27] 杜黎明. 主体功能区区划与建设——区域协调发展的新视野[M]. 重庆：重庆大学出版社，2007.

[28] 符云玲，张瑞. 中国环境保护规划制度框架研究[J]. 环境保护，2008（24）：77-79.

[29] 傅立德. 城乡规划配套立法的建议[J]. 规划师，2008（3）：50-53.

[30] 郭耀武，胡华颖. "三规合一"？还是应"三规和谐"——对发展规划、城乡规划、土地规划的制度思考[J]. 广东经济，2010（1）：33-38.

[31] 韩仰君. 对城乡规划与土地利用规划、国民经济和社会发展规划——"三规"协调关系的思考[C]. 城市规划和科学发展——2009 中国城市规划年会论文集，2009：1419-1425.

[32] 韩增林，刘天宝. 城市规划转型的整体性和系统性城市问题[J]. 城市问题，2009（4）：12-17.

[33] 黄鹭新，等. 中国城市规划三十年（1978—2008）纵览[J]. 国际城市规划，2009（1）：1-8.

[34] 胡序威. 着力健全规划协调机制[J]. 城市规划，2011（1）：14-15.

[35] 李更连，赵志海. 城市环境图集的编制特点[J]. 科技情报开发与经济，2001，11（2）：30-31.

[36] 李蔚军. 美、日、英三国环境治理比较研究及其对中国的启示——体制、政策与行动[D]. 上海：复旦大学，2008.

[37] 李艳君. 世界低碳经济发展趋势和影响[J]. 国际经济合作，2010（2）：28-33.

[38] 刘慧，郭怀成，詹歆晔，等. 荷兰环境规划及其对中国的借鉴[J]. 环境保护，2008（20）：73-76.

[39] 陆佳，邹兵，樊行. 可持续发展的城市总体规划目标指标体系[J]. 城市规划，2011，35（8）：83-87.

[40] 逯元堂，王金南，李云生. 可持续发展指标体系在中国的研究与应用[J]. 环境保护，2003（11）：17-21.

[41] 马晓明. 环境规划理论与方法[M]. 北京：化学工业出版社，2004.

[42] 钱晓曙，王利军. 环境保护地图集的设计创新——论《绍兴市环境保护地图集》的编制[J]. 地球信息科学，2002（2）：81-84.

[43] 尚金城. 环境规划与管理[M]. 北京：科学出版社，2009.

[44] 施问超，张汉杰，张红梅. 中国总量控制实践与发展态势[J]. 污染防治技术，2010，23（2）：38-47.

[45] 王俭，孙铁珩，李培军，等. 环境承载力研究进展[J]. 应用生态学报，2005，16（4）：768-772.

[46] 万军. 再看环境保护五年规划[J]. 世界环境，2010（6）：16-17.

[47] 王毓华. 环境保护规划在城市规划体系的作用和地位初探[J]. 安徽建筑，2009（3）：12.

[48] 魏广君. 中国城市规划的困境——一个逻辑分析的框架[J]. 规划师，2011，27（8）：82-87.

[49] 吴舜泽，徐毅，王倩，等. 环境规划回顾与展望：中国环境科学学会环境规划专业委员会2008年学术年会优秀论文集[M]. 北京：中国环境科学出版社，2009.

[50] 吴延辉. 中国当代空间规划体系形成、矛盾与改革[D]. 杭州：浙江大学，2006.

[51] 杨树佳，郑新奇. 现阶段"两规"的矛盾分析、协调对策与实证研究[J]. 城市规划学刊，2005（5）：62-66.

[52] 詹歆晔，刀谞，郭怀成，等. 中国与美国环境规划差异比较与成因分析[J]. 环境保护，2009（14）：59-61.

[53] 张璐. 环境规划的体系和法律效力[J]. 环境保护，2006（11）：63-67.

[54] 张勇，王浩，单光，等. 环境保护总体规划图集设计[J]. 环境科学研究，2010，23（6）：789-792.

[55] 张新端，郑泽根. 环境友好型城市环境指标体系研究[J]. 环境科学与管理，2007，32（9）：53-56.

[56] 周建. 中国环境保护的难点与破解之道[J]. 北京师范大学学报：社科版，2007（4）：138-142.

[57] 朱才斌，冀光恒. 从规划体系看城市总体规划与土地利用总体规划[J]. 规划师，2000，16（3）：10-13.

[58] 刘天齐. 环境保护通论[M]. 北京：中国环境科学出版社，1997：4-5.

后 记

　　有幸从事环境保护工作，让我有机会与环保战线的精英们研究问题、相互借鉴，丰富了我的人生价值。30多年的工作积累，使我能够把城市规划的理论和实践经验转化为研究环境保护总体规划上，确实是一件跨行业的创新性尝试，让我感受到一种压力和挑战。历经3年的日夜辛劳写作，终于完成了这部《环境保护总体规划理论与实践》，感到由衷的欣慰。

　　我主持过城市总体规划、土地利用总体规划和环境保护总体规划的编制，因此有条件对这3部规划进行研究，研究的过程也是学习和总结的过程，研究的成果能对环境保护事业的发展起到作用，那才是我最高兴的事。

　　在整个撰写过程中，我得到环保部领导的指点，规划财务司瞿青司长、贾金虎处长，科技标准司赵英民司长、王开宇副司长多次与我探讨规划问题，并提出许多建议，给予很多鼓励和帮助，他们对规划的理解之深让我敬佩。我曾专程到中国环境科学研究院拜见中国工程院院士孟伟院长，共同研究了本书的框架和相关内容，孟院士给予我许多环保理论方面的指导，让我受益良多。这部书定稿前我向环保部周生贤部长汇报，周部长认真看了样书，给予我很高评价和鼓励，并欣然为本书作序，让我感受到部长对环境保护规划的高度重视和对基层环保工作者的殷切期望，我会铭记在心。

　　本书出版之时，我不会忘记大连市环保局的同志们。和我共事的几位副局长，他们可称得上是环保方面专家型领导，给了我很多环保理论及知识上的指导。尤其是大连市环保局和大连市环境科学研究设计院的规划编制团队，正是他们为我提供大量素材，支撑我完成书稿。在此我向给予我指导和帮助的领导和同志们一并表示深深地谢意！

　　这部书是我学习环境保护理论的心得，也是我从事规划工作实践的总结与探索。由于本人理论水平有限，环境保护工作经历较短，有些观点难免有偏颇之处，希望关心和关注环境保护规划理论的专家、学者，以及同行们不吝赐教。

作　者
2012 年 5 月